"十四五"普通高等教育本科部委级规划教材

纺织科学与工程一流学科建设教材

纺织工程一流本科专业建设教材

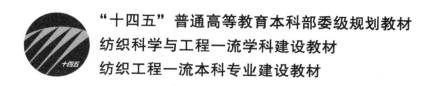

时尚新场景

SHISHANG XINCHANGJING

王海霞　著

U0241543

中国纺织出版社有限公司

内 容 提 要

本书主要介绍新时代下时尚传播的特点和方式。场景是时尚符号的语境，它多变而且无处不在，激发人们的想象力，人们沉浸其中，蔓延并凝结成愉悦的感受，将时尚概念造福于生活。本书详细介绍了时尚传播场景、虚拟场景、智能创意、时尚营销等时尚传播方式，根据当前科技背景下时尚传播的方式和特点进行讨论，分析了时尚传播的注意事项。

本书可作为高等院校纺织服装专业及与时尚相关的专业培养交叉学科、复合型人才的教材，也可供时尚新媒体行业和新媒体传播行业的从业人员参考。

图书在版编目（CIP）数据

时尚新场景/王海霞著. --北京：中国纺织出版社有限公司，2022.3

"十四五"普通高等教育本科部委级规划教材　纺织科学与工程一流学科建设教材　纺织工程一流本科专业建设教材

ISBN 978-7-5180-9296-3

Ⅰ.①时…　Ⅱ.①王…　Ⅲ.①服装学-高等学校-教材　Ⅳ.①TS941.1

中国版本图书馆 CIP 数据核字（2022）第 005262 号

责任编辑：孔会云　陈怡晓　　责任校对：寇晨晨　　责任印制：何　建

中国纺织出版社有限公司出版发行

地址：北京市朝阳区百子湾东里 A407 号楼　邮政编码：100124

销售电话：010—67004422　传真：010—87155801

http://www.c-textilep.com

中国纺织出版社天猫旗舰店

官方微博 http://weibo.com/2119887771

北京通天印刷有限责任公司印刷　各地新华书店经销

2022 年 3 月第 1 版第 1 次印刷

开本：787×1092　1/16　印张：7.25

字数：156 千字　定价：49.00 元

前言

　　时尚是场景的产物，越是深入地观察时尚，就会获得越来越多的沉浸式体验——人们会在不知不觉中把自己放在某个场景中。这不仅是因为场景所呈现的丰富内容，还在于场景能够不断提升自身的吸引力。随着科技的发展，场景已经超越了实物和现实空间的局限，它通过数字化、网络化、虚拟化、智能化的手段，极大地丰富了展示内容的方式。

　　从原理上讲，场景为时尚概念提供了一种可感知的表达方式，借助多样化的形式，时尚不再抽象，而是成为一种切实的体验，使生活的意义具体而生动地体现在一些产品、品牌和生活方式上。所谓新场景，就是使营销场景、广告形态、消费过程彼此融合，使传播、消费、体验都能够在网络平台上交汇，无论通过网红的分享、大 V 的点评，还是大众的互动，时尚都会在终端找到受众。

　　"时尚新场景"就是在新的文化背景和经济形态下，基于新技术、新观念、新模式、新平台，针对新的时尚概念，创造出新的表现形式，同时引导新的感受方式。通过新技术塑造超越现实的场景来表现更加丰富多彩的现实；新观念使消费既是体验也是传播，使营销既是感受也是分享；新模式使融合取代了单向的传播，时尚因此实现了真正的大众化；新平台为时尚提供了"集散地"和"制造工厂"，成为时尚概念的源头，新的时尚就如同源头活水，永不枯竭。

王海霞

2021 年 8 月

目录

第一章 时尚场景传播：品牌时尚化

当前，互联网深度发展，广告形式和传播方式也发生了很大改变，新媒体传播方式应运而生。消费社会的浪潮下，大众更注重追求个性化消费，消费者不再仅仅关注产品的实用性，还有产品的符号价值。因此，以往刻板地表现产品、宣传品牌的广告已经被时代淘汰，商家开始寻求与众不同的宣传内容，来吸引消费者的注意力，激发消费者的购买欲。于是，把握住大众时尚文化就成了高速传播的利器，在这种时尚场景下，传播方式发生了崭新的变化。

一、时尚由来

随着时代的发展，人们的生活水平不断提高，单纯的物质消费已经不能满足人们的消费需求，大众消费逐渐追求价值的体现，开始从物质消费向精神消费过渡。时尚作为被大众所熟知的消费符号之一，引导着消费者的价值取向，并随着文化的繁荣而逐渐发展壮大。

时尚是时与尚的结合体。所谓时，乃时间、时下，即在一个时间段内；尚，则有崇尚、高尚、高品位、领先等含义，时尚是时间和崇尚的组合，指人们在时间和认知两个维度去探寻理想的生活方式。因此，时尚与流行是有区别的，时尚虽然同流行一样，具有周期性，但时尚的高品位和前沿性，决定了它可以循环往复地受到人们的追捧，例如，在每个时代都有被许多人追捧的"复古"，这里的复古，重复的便是以前的时尚。

时尚产生于人类社会，一方面，它是一个"集体选择"的过程，其形成源于集体对"时代精神"的回应，受众产生从众效应，产生一致性的群体行为，就形成"时尚"；另一方面，时尚的产生并非完全出于外界的压力，部分也源于大众自身希望区别于他人的个性化愿望，而个体在时尚中扮演的角色，则具体表现为积极的购买。在"个性消费"观念盛行的消费领域，消费者追随潮流的目的，不在于表明自己属于某个社会群体，而是为了展示自己独特的个性。自我认同既是个性消费的起点，又是个性消费的归宿。在追逐个性消费的同时，人们关心的不仅是时尚潮流这件事本身，而是期望从时尚演变的旁观者，变为见证者、参与者甚至是主导者。

一定时期内一种时尚的形成，必然少不了两个主体，领导者（关键意见领袖，即 key opinion leader，KOL）和追随者（KOL 的粉丝们），Amanda Haiiay 曾说："Fashion is not an island, it's a response." 翻译过来就是："时尚不是一座孤岛，它是一种回应。"而领导者和追随者之间的关系，就是一种回应。在现代社会，尤其是新媒体深度发展的今天，领导者的存在方式多种多样，既可以是一家时尚期刊，也可以是一位时尚博主。这些领导者率先接收到时尚信号，再将之传达给他们的追随者，这些追随者随即会开展消费行为。

当然，任何一件美好的事物都需要符合传播规律才会触及大众，人人可得的时尚才是当今社会的表达方式之一。在社交和媒体平台上，能激发消费者消费热情的，从来就不是那些站在"神坛"上曲高和寡的时尚信息，而是能融入生活，能让大众产生共鸣和归属感的时尚。

二、时尚场景

时尚是引领人类精神向往与生活方式的载体，它不是孤立的存在，而是建立在人们精神世界与物质生活生态圈的方方面面。时尚场景，从宏观层面讲，它影响了人类社会的文明形态；从微观层面讲，它涵盖了艺术表达、文化传承、科技创新、产品设计、商业重塑、生活方式等各个领域。

时尚场景如同一个闭环，它包含量化时尚、生产时尚、传播时尚三大内容。量化时尚，就是归纳、总结、分析时尚数据，将时尚量化，以便更精准地了解受众的需求，然后进一步生产时尚并传播时尚。量化并分析人群行为，便构造了行为经济学的小分支——时尚行为经济学。生产时尚，是从内容出发，基于"一同三新"的基础融入时尚元素，结合多样化的商业模式，制作出改变大众时尚观念的内容。传播时尚，不止局限于传统的信息传递，而是真正将时尚植入其他活动或者传播媒介中，从视觉、听觉、体感、味觉等多元化感官进行时尚传播，满足受众对于时尚全身心的感受以及体验。

将时尚场景与人相联系，塑造出消费幻想，同时获取商业价值，才是时尚场景构建的最终目的。其中的佼佼者当属迪士尼，迪士尼乐园构建了人们幻想中的童话世界，给消费者带来了美好的幻想，让人满心欢喜地走入并心甘情愿进行消费。这种幻想不是局限于某一种商品，而是渗透到了生活的各个领域，并逐渐表现在大众的消费行为中，人们在选购商品时，会不自觉地受到影响。迪士尼之所以成为时尚，并长期得到人们的认可，正是由于时尚与社会生态产生的呼应。

时尚本质上是一种娱乐产物，但时尚场景的建立，不是哗众取宠，而要更加注重媒介的展现形式和内容的优质创新。

时尚既然具有前瞻性和洞悉未来的特点，未来时尚场景的建立路径应是多元化的、前瞻性的。未来时尚场景模块横向包括城市空间、产业形态、商业生态、生活方式；纵向包括文化传承、艺术表达、科技创新、产品设计。

值得一提的是，对中华优秀传统文化的继承和创新是未来时尚场景的根基所在。中国优秀的传统文化、非物质文化遗产与当代时尚艺术的有机融合，都将为未来时尚生态产业的"无界"创新补充宝贵能量，缔造多元化的发展路径，带领我们走向一个富有审美品位的时代。例如，爆红的故宫博物院产业链，掀起了一场中国传统文化的时尚风潮，众多和故宫有关的文创、美妆产品等，吸引了注意力和话题度。未来时尚生态也一定是科学技术创新与文化创想双重催化因子共同作用的结果。AR、H5 等技术在时尚生态方面的应用越来越普遍，《王者荣耀》作为一款国民度很高的手游，近年来也一直尝试将娱乐和文化相融合，在传承和创新中求得平衡。在王者荣耀高校联赛中，《王者荣耀》将传承文化与科技创新完美地集合在一起，制作了性格测试类的 H5，为用户生成性格测试，还在比赛现场通过 AR 技术实现游戏爱好者与游戏中的英雄进行跨"次元壁"合影。腾讯文娱部 CEO 程武先生说：数字文化创意不仅是文化体验，还可能成为社会时尚的全新方案。

三、场景与时尚的结合

1. 相辅相成

作为销售产品和宣传品牌信息的广告，自诞生之日起就充满了争议，那些没有特点的广告，很快就会被人们遗忘，而那些具有时尚性的广告，则容易被人们记住。如"广告女王"许舜英，她为中国台湾中兴百货创作的广告文案，很好地将时尚与广告结合，"到服装店培养气质，到书店展示服装""也许连蕾丝边，也将逐渐地，装饰在三角肌上吧""流行是安全的，风格是危险的""对大众品位严重过敏者，请到中兴百货挂号"等。这些具有独特创意的广告文案，对台湾地区流行文化及文化产品的创作美学产生了重要影响。人们不再追求表面的奢华，而是开始思考时尚，并帮助品牌找到影响消费者或展示品牌的方式。换句话说，有时尚性的广告不仅代表一两则广告创意，而是像现在流行的那样，包含客户品牌当前的定位和整体包装。每个行业和品牌都需要被时尚化，时尚与其说是一个产业，不如说是一种表达方式。

2. 时尚是消费时代的必然

首先，根据马斯洛层次理论，越是低级的需求就越基本，越是高级的需求就越为人类所特有。同时这些需求都是按照先后顺序出现的，当一个人满足了较低层次的需求之后，才会进而去追求较高层次的需求。在市场经济的主导下，消费主义逐渐成为主流意识，消费者对产品的要求，开始从功能性、实用性转向意义追求和价值体现。

其次，时尚可以带来高附加值。随着技术的进步，众多产品在质量、价格上的差距缩小，产品无法获得强有力的市场竞争力。所以，想要在激烈的市场竞争中立于不败之地，就要赋予产品鲜明的个性，塑造独特的商品形象，以此来与其他品牌区分，吸引消费者。

3. 社会心理基础

广告传播的时尚效应来源于消费时代，时尚正在成为满足受众心理需求的一种方式。根据日本心理学家齐藤的结论，如果某种生活方式能够满足人们的特定需要，那么这种生活方式就可能被人们所接受并传播。这些因素包括自我表现、对自卑感的补偿、提升个人威望、被他人认可、获得新经验、获得心理安慰和成功。这些需求可以归结为自我与社会的关系，在现代广告的语境中得到创造性地实现。在此，广告实际上完成了一个"造梦圆梦"的过程。通过追求广告所创造的时尚来突出自己，弥补自身社会地位的不足，从而克服自卑情绪，达到心理补偿的目的，同时可以更好地表现和自我拓展。

四、场景传播时尚化

1. 表现形式时尚化

生动的画面、优美的音乐、具有感染力的文案，这些都是广告创作中重要的表现形式，也是吸引目标消费者、构建受众心理认同的有效工具。如饼干大户奥利奥，作为《明星大侦探第五季》的赞助商，自然是少不了广告植入，就拿开播第一集的《海上钢琴师之旅》来说，品牌就将奥利奥饼干也设计成钢琴的造型，全方位烘托节目效果。品牌赞助综艺节目，是一件很普通但又容易引起受众反感的事情，但奥利奥并没有进行生硬的洗脑式口播宣传，而是将产品与节目真正地融合在一起，让观众更好地接受品牌在节目中植入的设定。在文案创作方面，优乐美的"你是我的优乐美"、农夫山泉的"我们不生产水，我们只是大自然的搬运工"等，都是希望凭借时尚性的文案，吸引消费者的关注，在同类产品的竞争者中脱颖而出。

2. 广告创意时尚化

广告的竞争，本质上就是创意的竞争，创意就是奇思妙想，而时尚化可以赋予广告创意独特性，持续吸引受众的注意力。如借助电视剧《都挺好》中苏大强一角翻红的"老戏骨"倪大红，就被云闪付"盯上了"，似乎是听到了群众内心的呼唤，云闪付和"苏大强"合作拍了一部广告片，他在片中嚷嚷着要喝手冲咖啡的愿望终于实现了，广告创意和主角苏大强的人物形象切合度高，于是云闪付借助此形象推出活动，播出广告"用云闪付支付享受 6.2 折"。云闪付这则创意广告收效良好。

3. 广告诉求时尚化

随着经济社会的不断升级，社交网络的力量越来越强大，消费者的需求也越来越多，对猎奇和新鲜事物的接受度也越来越高。"个性化""新一代"等词在广告中屡见不鲜，这些词彰显出消费者期望与众不同、彰显个性，他们追随时尚不是为了从众，而是为了突出自我，但同时消费者也要追求新的、创造性的产品，他们不甘心"泯然众人矣"。而这时，广告创作则需要充分照顾到受众的这些诉求，才能被受众所接受、欢迎并传播。例如，优衣库 & 龙珠，推出联名 T 恤，令消费者大呼，穿上它感觉自己就是下一个孙悟空；作为一个流行了一百多年的品牌，百事可乐成功跳出一罐可乐的限制，搭建潮流体验空间"百事盖念店"，与年轻人共创潮奢文化。

4. 传播媒介时尚化

时尚离不开传播载体，广告传播也离不开媒介，从传统的纸媒到现在的新媒体，从之前的大众媒体到现在的自媒体，传播方式经历了重大变化，但不可置疑的是，媒介的发展必须适应社会发展和大众需求。想要广告发挥它原本的效应，传播媒介的选择十分重要。例如，当下直播间式的带货广告不能说多么高级有难度，但不可否认是的，这种传播手段非常有效，甚至已经进化成为一种时尚，开始渗透进人们生活的各个方面。

五、时尚场景下的广告传播

时尚不断地推陈出新，引起消费者消费欲望，也理所当然地被广告利用，成为广告传播的一种手段，把握时尚文化是广告脱颖而出的利器。反过来，广告所特有的对社会价值观念、消费行为的引导功能，又成为时尚文化的引领者，广告传播大量性、重复性的特点也为时尚的形成推波助澜。

现代时尚生态下的广告传播，重在消除消费者与时尚之间的疏离感，希望建立消费者与品牌的情感连接，过程最主要有四个部分。

1. 以时尚为基调，选择合适的媒介使广告达到良好的传播效果

加拿大学者麦克卢汉提出"媒介即讯息""媒介即人的延伸"。他认为，任何媒介都不外乎是人的感觉和器官的扩展和延伸，人类有了某种媒介才有能从事与之相适应的传播和其他社会活动。以此来看，在现代时尚生态下，广告传播一个很重要的前提条件就是选择合适的媒介，将广告传播效果发挥到最优。例如，一些想引起公众强烈的共鸣的时尚艺术广告，就会选择户外实体广告，最大程度地感染受众，让受众获得更加直观和强烈的感受。耐克为了纪念被选为赛季 MVP 的希腊 NBA 球员扬尼斯·阿德托昆博（Giannis Ante-tokounmpo），在被称为希腊神话众神之山的奥林匹斯顶放置了一个篮球筐，篮板上写着一句鼓舞人心的文案：Fate can start you at the bottom. Dreams can take you to the top.（命运从底层开始，梦想可以让你到达巅峰。）从无人机航拍的画面来看，辽阔的山顶上立着一座球筐，场景震撼。又如，人们意识中大部分地下停车场都是狭窄逼仄、光线昏暗的，而MINI 用一则创意户外广告打破了人们对停车场的刻板印象，MINI 在停车场指示标志中加入更多设计元素，将文案绘于停车场长廊、出入口、休息区等各个地方，通过让人眼前一亮的橙色、宝蓝色和现代化的空间创意设计，让地下停车场焕然一新，同时扩展了户外广告的新场景，让大众有了更多的想象空间。

2. 把握时尚文化，传播方式迎合大众心理

什么样的传播方式更容易被大众所接受，答案必定是"无距离的"。传播的最终目的就是产品被大众看到并接受，"高处不胜寒"的传播方式必然会造成传播者和受众之间的隔阂，只有尊重并理解大众，关注大众的感受，把握时尚文化，给大众创造有趣的观感体验，尽力和大众达到共情的传播方式，才是传播所提倡的。例如，中国气象局成立 70 周年最新发布的一则宣传片，就选用了被大众调侃为"雨神"的萧敬腾，准确迎合大众心理，引入时尚元素。

3. 时尚内容升级，IP 联名广告效果倍增

随着互联网的快速发展，时尚资源也越来越丰富，大众的品位提升了，眼光也越来越挑剔，一成不变的单一广告传播方式已经无法吸引大众的关注，众品牌开始寻求新的出路，IP 联名由此诞生。IP 联名是指两个毫无关联的品牌合作诞生新产品，以"跨界联合"作为传播的噱头，出其不意又充满新意，时尚而不失创意，以此来吸引已有受众和潜在受众。不仅如此，跨界联名一个最重要的目的就是打破大众对品牌固有的认知，摆脱刻板标签，实现品牌的转型升级。例如，可口可乐和太平鸟推出的联名服装系列 PEACEBIRD MEN×Coca-Cola。此次联名可口可乐做了很多本土化的设计，除了经典的可口可乐英文商标（LOGO），每一件衣服上都印有"请喝可口可乐"的汉字，太平鸟也借此打破了以往中规中矩的刻板印象，使国产品牌摆脱了刻板的标签，成功进入国潮市场。

除 IP 联名外，品牌大胆开发非本品牌业务范围的业务并展开宣传，也是现在时尚生态下众多品牌的传播路径之一，这种方法的好处在于可以摆脱人们长久以来对品牌的单一印象，制造新的认知并且吸引原本不在品牌受众范围的消费者。如今，跨界已经成为一种潮流，被各行各业的不同品牌无限复制。如六神花露水生产鸡尾酒，泸州老窖也开始卖香水，旺仔推出连帽衫进军时尚领域，止痒药膏 999 皮炎平推出了一套只送不卖的"告别心痒信真爱"的"999 恋爱止痒三口组"口红套装等。

4. 引领时尚文化，利用 KOL 实现时尚的商业价值

有了时尚感和创意度，传播方式确定好，话题度够了，那么如何引导消费者购买也很重要。想要激发消费者的购买欲，离不开互联网时代下各种 KOL 的传播。新传播方式下，明星、网红、博主，都是 KOL 的一员，他们凭借自身的影响力，购买并使用产品，形成一种普遍的时尚风尚，"粉丝"随追随效仿，实现购买行为。因此，在引领时尚文化、实现时尚的商业价值环节中，KOL 的作用非常重要。例如，现在十分热门的小红书 App，就是这样一个利用 KOL 实现时尚商业价值的平台，众多明星、网红入驻小红书，在上面发布自己的购物分析和使用体验，从而使某一品牌或产品的知名度和美誉度迅速提升，激发粉丝的购买欲。

 课后思考

时尚生态既笼统又具体，广告传播要以时尚文化和消费者为基本出发点，设计广告时要注重独特的时尚创意，传播广告时使用新媒体或新技术，这样看到广告时能让受众有与众不同的感受，能给受众营造独特性和满足感，那便是成功的广告。同时，在推广传播，时尚变现方面，也要充分正视 KOL 的作用，利用 KOL 让传播效果升级，从而实现时尚产品的商业价值。

时尚生态下的广告传播，重在一个"新"字，创新变革，紧跟时代和时尚的步伐，是广告传播的生命源泉。

 课后习题

引领时尚文化，在实现时尚的商业价值的环节中，对各种 KOL 应如何运营？

第二章 智能场景：时尚生活新体验

一、智能场景的发展状况

（一）智能场景萌芽

在科技迅猛发展、技术不断进步的时代，利用数字技术，通过手机、计算机及无线局域网络等渠道实现信息交换的新媒体，正逐步取代以报纸、广播、电视为主要传播媒介的传统媒体。传播方式和传播媒介的变化，大幅提高了信息传递的效率和信息内容的普及率，这为广告行业的发展提供了天然沃土。

随着互联网技术的逐步成熟，信息交互也朝着自动化、智能化方向发展，数字生活模式席卷全球。在以"创新"为主题的科技浪潮下，一个个"黑科技"，如雨后春笋般破土而出，不仅促进了生产方式的变革，也潜移默化地影响着现代生活方式。人工智能的诞生，为现代社会注入了新的血液，也为智能广告的诞生奠定了基础。

随着移动互联网设备的普及和 AI 技术的发展，以 Web3.0 为平台，以人工智能等技术为支撑的新兴广告形态——智能广告应运而生。它在广告用户识别、内容生成、发布方式、广告效果反馈上都表现出智能化。智能广告的产生促进了广告行业的变革，为未来的广告形式提供了新的方向。

（二）智能场景类型

1. 多感官

以 AR、VR 为例，在 AR、VR 演变过程中，内容和形式都朝着丰富化、多样化方向发展，给受众带来的冲击感也越来越强。一个好的设计，不仅需要直击人心，也要在受众的视觉、听觉上留下深刻的印象。纵观广告发展史，无论是以实物、叫卖、标志、音响为主的早期广告，还是以电子科技传递信息的现代广告，最终目的都是吸引受众，推销产品。因此，想让广告具有长久的影响力，声、色、画、感，缺一不可。AR、VR 广告就是在这种背景下产生的。

AR 场景，即增强现实场景，采用将虚拟信息与真实世界巧妙结合的技术，即将计算机生成的文字、图像、音乐、视频和三维模型等虚拟信息仿真后，应用到真实世界中，提升了广告的穿透力、感染力（图 2-1）。2019 年，网易与京东联合打造了吴青峰的 AR "有机"世界，只要打开京东，扫描产品 Logo，就可以和偶像在 AR 场景中进行互动，领略"绿树村边合，青山郭外斜"的自然和谐。

VR 场景，即采用虚拟现实技术，将电子信息、计算机、仿真技术集于一体，给受众

图 2-1　AR 增强现实

打造一种沉浸式体验，将广告信息植入其中，让受众身临其境，达到直接与产品对话的效果（图 2-2）。好丽友公司通过打造一款 VR 游戏，为旗下零食"好多鱼"进行 VR 全景营销，排队体验的消费者只要进行一场 VR 捕鱼游戏，捕获一定数量的小鱼，便可获取相应的零食优惠券。这次 VR 游戏营销，让"好多鱼"零食销量大增。同时表明，VR 全景营销备受人们的青睐。

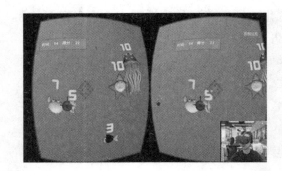

图 2-2　VR 广告

2. 自动发布社交媒体

在信息交流方式逐步迈向现代化的今天，移动电子设备已经成为人们日常生活中不可或缺的一部分，网上冲浪的生活模式越来越普及，人们沟通与交流方式受到潜移默化的影响，QQ、微信、微博的诞生，正迎合了这种趋势，信息流广告便抓住了这个机遇。

当人们在社交媒体中浏览信息时，信息流广告凭借强大精准的算法，以图文或视频的方式出现，推送阅读者感兴趣的广告内容。华为公司最新发布的智能平板 MatePad pro 便通过一段视频出现在朋友圈里（图 2-3），广告将产品的时尚感与科技感传递给阅读者，有效抓住了人们的眼球，让受众产生购买欲望。健身 App "keep"，把通过该 App 获得健美身材的健身达人的照片发布到 QQ 空间，点燃受众的健身热情，实现 App 的大量下载。

信息流广告的出现，既提高了广告投放的精准度，也大大提高了广告投放效率和用户体验，成为智能广告的重要组成部分。

3. 搜索引擎

以购物 App 上 AI 精准投放广告为例，随着互联网技术的发展，数字产品、智能设备的普及，广告的投放形式、投放渠道数据收集和分析手段都发生了变化。

在大数据和人工智能得到广泛应用的背景下，各大搜索引擎会记录人们所输入的关键词，并加以分析，通过科学的算法，判断受众的喜好，根据受众的兴趣，以私人定制的模式，推送相关的内容。AI 精准投放广告，便是通过这种模式来分析消费者的消费习惯，预测消费者的购买意图，实现精准投放，激发消费者的购买欲望，实现产品的销售。

人们日常使用的淘宝、京东等购物 App 上都可以实现 AI 精准投放广告，当人们浏览或购买某一物品后，购物页面会推送大量的相关产品，这就是 AI 的精准投放（图 2-4）。

图 2-3　华为平板信息流广告

（三）智能场景的特点

1. 内容投放的精准化

随着社会的现代化发展，生活节奏加快，"快生活"模式悄然来临。在此背景下，受众对广告内容的浏览具有速度快、阅读时间短的特点。因此，广告主便需要对广告用户提供高效的阅读方式和精准的广告内容。

在新媒体环境下，人们会通过某个端口，获取自己所需要的信息。人们的信息需求量是巨大的，广告主可以通过大数据和人工智能对端口所记录的搜索

图 2-4　京东 AI 精准投放广告

信息进行整合分析，计算出不同受众的喜好，在受众所使用的各个端口，投放迎合他们需求的智能广告内容。例如，淘宝和京东，他们对用户进行识别划分后，为用户投放精准的广告内容，实现了零售行业新的飞跃。

2. 发布系统的智能化

智能场景系统是运用技术手段，对整个数字媒体投放过程中的信息投放、购买、报表追踪、持续优化等环节进行信息化，并通过技术手段合为一体，提升媒介效率的营销工具。

智能场景系统依托互联网技术，相较传统系统，它能够迅速定位消费人群，有效抓住消费者特点，科学准确分析媒体数据。在智能系统的加持下，智能拥有更精准的投放目标、更高的投放效率、更时效的效果反馈以及更完备的投放体系。

3. 渠道的多样化

在新媒体环境下，人们对信息的需求量越来越大，接收和获取有用信息是人们日常生活的一部分。因有较大的信息需求量，便产生了许多信息获取的渠道。例如各种新媒体网站——微博、微信公众号、今日头条等。在新媒体网站数量逐渐增多的背景下，智能投放渠道也相应地扩充，形成了多种形式多种风格的智能投放渠道。随着互联网技术发展，在现代社会环境中，信息也逐渐透明，这就形成了一种新的趋势——市场碎片化趋势，消费者追求更加细致的服务与体验。

因此，为了满足消费者碎片化、个性化的需求，广告主应该加强整合各种品牌信息，利用有效社会资源，通过多样化的智能广告投放渠道进行品牌信息投放，顺应市场发展趋势。

二、智能场景背景下时尚生活的新含义

（一）智能场景下的新时尚：从艺术主导向科技主导转变

时尚是潮流的代名词，是人们对包括服饰、艺术、行为模式乃至行事主张和价值观念的一种推崇与模仿。时尚是一种个性和品质，人类追寻时尚的脚步从未停止。不论是精神层面还是物质层面的时尚，都代表着人们心中对美好的向往与追求。

随着互联网技术发展，数字化生活的完善以及 5G+A LOT 时代的到来，人们更加热衷于对新事物的追求与体验。新时代，高铁呼啸，出行更加便捷化；纳米材料的研发，服饰更加科技化；电子设备更新换代，生活更加智能化；大数据、人工智能的普及，工作更加高效化；5G 基站的落成，世界更加一体化。在科技浪潮下，新事物不断涌现，旧事物也逐渐消亡，时尚也在新旧交替中，不断发生着变化。人们越来越希望感受到科技带来的便利，享受科技所营造的高品质生活。对科技的"酷玩"，成为一种潮流，一种新时尚。

新事物的产生，并不是一帆风顺，新时尚也是如此。智能广告便是让科技及其衍生产品让大众接受并成为新时尚的桥梁。智能广告凭借高效的发布系统，形式多样的发布渠道，加上精准的用户识别，将新技术、新科技产品投放到大众眼前，让受众体会到科技的美好，产生兴趣和体验欲望，从而使"对科技的追寻"，对"科技产品的体验"成为新时代的新风尚。

（二）时尚感知与生活模式：从生活态度到生活方式

1. 时尚生活态度

时尚，不只是一种选择，更是一种生活方式，一种生活态度。有这样一句话，"我们可以平凡，但不能甘于平凡"。生活也是一样，可以过着普通的生活，但时刻要保持一颗向上的心。

在日新月异的社会中，有太多新事物值得我们发掘。随着科技蓬勃发展，生活方式逐渐多元，人们将面临更多的选择和挑战，只有心存对美好的向往，才能在新时代中更好地生活。

时尚的生活态度，既能够做到对新事物海纳百川，也能够给予人们追求美好的勇气，它好比催化剂，激励着砥砺奋进的人们，走在社会最前端。

2. 智能时尚生活方式

如心理学家荣格所言："群体的意识和行为可以通过'心理能量'来解释，心理能量不会因发生作用而消耗或丧失，而是从一种作用形式转换为另一种作用形式，或从一个位置转移到另一个位置"。

当人们逐渐脱离传统生活模式时，注意力会转换到现代智能时尚的生活方式上来，传统模式的陨落，必然存在新时尚的诞生。智能产品作为一种新事物，以"科技"为内核，成为引领新时尚的物质载体，通过形式多样、投放精准的智能广告被大众熟知，最后成为人们生活的重要组成部分，在衣、食、住、行、娱乐等各个方面，潜移默化地影响着人们的生活方式。新能源汽车的出现，贯彻了绿色出行的环保理念；可穿戴智能设备的问世，满足了健康生活的需求；智能家居的普及，实现了居家方式的便利；智能手机、平板的更新换代，加快了科技与生活的融合。

智能时尚生活方式，就是在科技浪潮下，受各种智能产品的影响所形成的智能生活模式，辐射到衣、食、住、行等多个方面，成为一种有别于传统生活方式的新型生活方式。

三、智能场景塑造的时尚生活体验

随着智能广告的发展和智能广告系统的问世，人们的生活方式也受到潜移默化地影响。智能广告通过精准的用户识别、个性化的内容投放、高效的效果评估、智能的数据统计，让以"科技"为内核的新时尚逐渐被大众接受，进而受到人们追捧。

智能场景，让科技及其衍生品成为新时尚的桥梁，开创了一种崭新的"智能化生活"时尚，形成了一种全新的生活方式——智能时尚生活方式。这种生活方式包括社交、运动、出行、饮食、娱乐等日常生活的多个领域，成为一种区别于传统生活模式的新型生活方式。

（一）时尚社交体验

社交，即社会交往，指社会上人与人之间的交际往来，是人们运用一定的方式或工具，传递信息、交流思想意识以达到某种目的的社会各项活动。运用好社交智慧，有利于促进社会的和谐稳定。随着互联网发展，智能设备的普及，人们的社交方式也发生了变化，"互联网+社交"的新模式诞生。以智能手机为载体，通过各种社交及新媒体软件，受众便可轻松实现信息交流。这种社交新模式，在空间上拉近了人们交流的距离，在时间上提高了人们交流效率，使社会关系网络更加紧密。在人工智能、大数据及互联网技术的多重加持下，智能广告也迎来了新的发展阶段，形成了多样的投放形式和广泛的投放渠道，我们的社交也形成新的时尚。

以拼多多广告为例，拼多多作为新型电商平台，营销模式丰富多样，其中一种，就是通过信息流广告的形式进行品牌宣传。在新媒体平台上经常看到拼多多投放的信息流广告，点击该条广告，就可以进入拼多多百万红包的界面（图2-5）。只要受众把这条信息转发到自己社交媒体，让自己的亲朋好友进行点击助力，积攒足够的人数可以领取拼多多提供的红包（图2-6）。拼多多通过投放信息流广告并让大众分享到社交媒体，这种形式让人们得到了与好友们实现交流的机会，在相互助力的过程中，无形拉近之间的感情，甚至让很多尘封多年的关系"破冰"。这就是智能广告为社交领域带来的新变化、新时尚让人们意识到沟通是增进关系，加强联系的法宝。

图 2-5　拼多多百万红包　　　　图 2-6　微信分享领红包

（二）时尚运动体验

在经济发展，生活水平提高的同时，人们对运动、健身活动也越来越重视，在社交媒体上晒出自己运动打卡的照片成为一种新的潮流。可穿戴智能设备，可以对运动产生的数据进行记录、监测、分析、保存、传送，让受众了解自己的运动及健康状况。智能广告对可穿戴设备的推广立下汗马功劳，促进智能运动新时尚的形成（图2-7）。

例如，小米公司在2018年发布了新的智能穿戴设备小米手环3，为了实现"全民运动"号召和产品火爆销售，小米公司在微博、今日头条等新媒体平台上投放大量信息流广告，来宣传运动新时尚。同时在小米之家开展VR体验活动：参与者穿戴小米手环3，在跑步机上佩戴VR智能眼镜，体验在各种险象环生的场景中奔跑的刺激。这种活动通过VR广告的形式，促进人们对新时尚产品的接纳与购买。

根据淘宝平台上的统计数据，随着智能广告对可穿戴智能设备的持续宣传，可穿戴智

图 2-7 可穿戴智能设备

能设备在淘宝平台上的商品数量以及实效的销量明显增长，其中高科技运动鞋拥有近 64 万的销量，智能运动手环也有近 30 万的销量（表 2-1）。这些都表明了智能穿戴设备逐渐受到人们的青睐。

表 2-1 运动穿戴设备价位区间

商品类型	店铺数/个	商品数量/个	销量/个	销售额/万元	评论数/个	均价/元
高科技运动鞋	4044	158707	638228	3539	83762	115.00
高科技运动服饰	2915	143318	480552	2720	60263	157.00
运动智能手环	1297	31788	290999	813	130430	125.00
运动包/配件	1736	63158	427481	561	39099	19.00

注 数据来自淘宝大数据平台统计。

根据中商产业研究院提供的数据，2018 年 6 月中国运动健身 App 排行榜 TOP10，排名第一的是 keep，月活跃用户数达到 1591.42 万人，排名第二名的是小米运动，月活跃人数为 718.56 万，排名第十的春雨计步器的月活跃人数也在 100 万以上。在智能穿戴产品革新、智能广告的持续宣传下，"互联网+智能产品"的智能运动模式，逐渐占据主流市场，成为运动健身圈里的新时尚，形成一种新的生活方式，增添了运动新智慧。

（三）时尚出行体验

在现代化的今天，社会发展不再是盲目追求速度，而是统筹兼顾，贯彻可持续发展目标，达到经济与环境的协调统一。"绿水青山就是金山银山"，指出绿色发展的重要性。绿色发展理念落实到个人，如选择绿色的生活方式，低碳环保的出行模式，便是响应绿色生活的号召。为了宣传低碳出行方式，诞生了许多社会公益广告。

互联网技术发展和智能广告的诞生，给宣传绿色出行模式提供了新的渠道。在 2016 年应对气候变化主题展览和"全国低碳日"上，VR 制作公司华容道传媒制作了一部宣传低碳出行的 VR 广告影片《世界的左右》（图 2-8）。一条笔直的大路向前延伸直到画面的镜头，路的两侧，是两个不同的世界。右边的世界天空昏暗，高矮不一的烟囱冒着浓浓白烟，城市道路上垃圾遍地、车辆拥挤；左边的世界则是蓝天白云，新能源汽车在大路上有序行驶，风力发电机正随风旋转。通过这两组画面，既让人们感受到低碳出行的必要性，也惊叹科技的强大力量。

图 2-8   《世界的左右》截图

智能广告通过多渠道、多方式的推广低碳出行理念，使越来越多的人选择了低碳出行的生活方式，为建设资源节约型、环境友好型社会，贡献了自己的一份力量。随着新能源技术的突破，新能源汽车也逐渐被人们接受和欢迎。在以"科技"为内核的新时尚下，新能源技术俨然成为新时尚的物质载体，新能源汽车，正逐步取代传统汽车的霸主地位，成为一种低碳绿色出行的新风尚。

（四）时尚饮食体验

饮食领域在人们生活中占据重要地位。饮食对一个人的健康起着至关重要的作用。随着生产力的发展，人们更加注重饮食的营养和健康，并且逐步将饮食发展成一种休闲、交流、养生的方式；吃绿、吃鲜、吃野、吃茶等已经成为时尚。多样的饮食风格，造就了多样的饮食种类，也让人们拥有更多的选择目标。

大众点评作为一款以美食评分为主的 App，在各大新媒体平台投放信息流广告，在吸引受众的同时，对品牌用户进行精准的定位划分，通过大数据与人工智能的计算，给用户推送出适合其饮食风格、习惯的电子菜单（图 2-9）。这份菜单既为受众私人制订了健康美味的食品，也起到对品牌的宣传作用。

现代餐饮企业，为了在残酷的竞争中生存，不仅在烹饪中运用新技巧新方法，还借助营销和广告的力量，将产品和 AR 技术结合起来，通过 AR 广告，实现产品的热销。同时开展各种美食节进行狂欢庆典，为品牌造势。可口可乐的圣诞魔术活动，通过 AR 广告的形式，让用户在纽约市里寻找贴有可口可乐品牌的巴士站，或者在被赞助的酒吧里面寻找隐藏的圣诞老人和衍生场景，把虚拟元素搬到实景中，增强用户的现实体验，促进参与者对品牌文化的理解（图 2-10）。

图 2-9 大众点评电子菜单

图 2-10 可口可乐魔术圣诞活动

在休闲、交流、养生的饮食新时尚下，健康的饮食理念被大众推崇。智能广告被各大饮食商家的合理运用，对人们健康生活方式的形成有着潜移默化的影响。

（五）时尚娱乐体验

随着信息技术发展，互联网时代的来临，各种娱乐形式逐渐融入人们的日常生活。相较于传统的娱乐方式，以互联网为基础，智能电子产品为载体的新型娱乐方式——电子娱乐，占据了都市娱乐生活的半壁江山，成了都市娱乐新时尚。

物质生活逐渐丰富，人们的关注点开始转移到满足精神需求的活动上来，电子娱乐便可以完美满足大众的精神需求。电子娱乐的表现形式多样，在智能设备上进行的游戏、电影、直播、购物、社交活动，在新媒体平台获取各类信息都属于电子娱乐形式。在这些活动之中，都有智能广告的身影，智能广告对各项电子娱乐模式，有着推动与促进作用。

比如，在电子购物中，智能广告通过大数据与人工智能的分析，向受众推送满足其消费习惯的广告产品；在社交平台上，智能广告以信息流的形式，参与人们的社交活动，人们通过分享信息流广告信息，参与广告活动的同时，也能够和亲朋好友互动；在游戏平台上以信息流广告和游戏链接结合的形式，在信息流广告中加入游戏链接，投入新媒体平台。人们在阅读广告同时，可以点击链接，直接进入游戏界面，体验游戏；在 VR、AR 体验平台上，既可以在 AR、VR 游戏中添加相对应的游戏元素（图 2-11），增强消费者的游戏体验，同时宣传了产品，也可以在 AR、VR 影片开场前添加广告短视频，这在某种形式上延长了观众体验技术的时间，实现了广告投放商和受众的双赢。

在电子娱乐兴起的娱乐新时尚浪潮下，智能广告在多个领域都扮演着重要角色，给人们带来了独特的时尚娱乐新体验，一定程度上影响着人们的时尚生活方式。

图 2-11　VR 游戏

四、智能场景下的时尚生活方式

（一）模式创新：以智能设备为主导的生活方式

在科技创新的浪潮下，对核心技术的掌握成为科技发展追求的主要目标，这为智能产品发展创造提供了不竭动力。同时，广告商对智能产品的有效宣传，为其融入人们的生活创造了良好的现实基础。

智能产品的广告商通过智能广告中信息流广告的形式，将产品信息发布到各大社交平台、新媒体等，能够进行信息交流的平台，受众通过浏览或点击文字图片，了解产品信息，最终实现购买。随着 AR、VR 技术的突破性发展，广告主们与各大 VR 体验平台开展合作，投放 VR 广告，提升受众对产品的认知，实现销售；在各大购物狂欢节上，通过投放产品及品牌相关的 AR 元素，让消费者实际参与体验，无形中加深受众对品牌文化的理解，塑造良好的品牌形象。与此同时，智能产品的广告主可以通过大数据和人工智能，对受众在各大搜索引擎的搜索数据，以及经常访问的链接数据进行计算分析，推算出受众喜好，划分消费者群体，达到产品广告的精准投放，以实现智能产品的销售。

在有利的环境下，智能产品成为人们生活无可替代的必需品。在智能广告的有力宣传下，智能产品增长趋势迅猛，形成了以智能设备为主导的生活模式，对人们衣、食、住、行以及社交、娱乐、饮食、运动、出行等多个领域有着全方位、多角度的影响。智能家居的普及，促进生活方式的高效化、便捷化，万物互联，谱写时尚生活新篇章。智能可穿戴设备的产生，实现健康监测的科学化、系统化，一键传送，引领运动生活新时尚；新能源汽车的研发，完成出行方式的绿色化、无烟化，节能减排，支撑低碳生活新方向；智能手机的更新，使社会生活一体化、简单化，增添工作生活新智慧。智能产品在人们日常生活中，扮演着核心角色，其影响力辐射到生活的各个角落，形成了以智能产品为中心，向四周发散的多样化生活模式。

（二）演变走向：时尚生活高效化、便捷化趋势

智能广告，作为互联网时代的产物，它既为智能产品搭建通向新时尚的桥梁，也给人们带来了丰富的生活智慧，促进生活方式的现代化，形成了以科技为主导的智能生活新时尚。在这种新时尚的影响下，人们的生活向着智能化、高效化、便捷化趋势发展。随着互联网技术的突破以及信息社会的完善，新的科技产品如雨后春笋般相继产生，充斥着人们的日常生活，为生活的智能化奠定了物质基础。

在5G技术的支撑下，万物互联得到质的发展，物联网技术运用广泛。家庭生活是日常生活的重要组成部分，对家庭生活的优化，是物联网技术发展的方向之一。通过各种智能家居（图2-12），如智能冰箱、智能电视、智能空调等，可以实现家庭范围内所有智能产品的一键连接，编织家庭物联网。通过这张物联网，可以远程了解家庭内所有产品的实时信息，对其进行实时监测，并进行远程操控，以节约有效时间。这种居家新模式，既提高了生活效率，又便捷了我们生活。

人工智能的广泛运用也使人们居家效率提高。随着远程购物时尚的兴起，引发了快递

图2-12　智能家居

行业的变革。自动导航无人车、无人机、快递塔、智能快递柜，它们的出现，实现了快递最后一千米到十米的转化，通过多元化的服务，人们生活产生了极大便利。智能产品依托智能广告，成为人们日常生活的一部分，使人们生活更加便利与高效。

（三）体验交融：传统与现代生活方式取长补短

在智能广告的有力宣传下，智能产品成为人们生活的重要组成部分，形成了以科技主导的智能新时尚，促进人们生活方式的改变。这种模式的变化，极大丰富了人们生活，但同时相较于传统生活模式，也有一定的弊端。

例如，依托智能产品的社交模式，虽然提高了信息交流效率，但虚拟的社交网络环境，使人损失很多近距离交流机会，导致实际交流能力的缺失，产生现实交流障碍。同时，随着智能电子设备的普及，有效吸引了人们的注意力，导致了一部分缺乏自制力的群体，将大部分时间都投入电子设备上，沉迷其中，无法自拔，消耗了本该进行工作和学习的时间，荒废了光阴。在智能产品充斥人们生活的背景下，由于智能产品自身具有的易沉迷特性，人们容易丢掉了传统生活中各种形式的户外活动以及亲近自然的机会，丧失了很多生活的乐趣。同时，较少的活动量，不利于身体的健康，过分迷恋智能产品对青少年的成长也有着不利影响，容易引发不良生活习惯、学习习惯。对时间管理的失衡，会降低青少年的做事效率，造成宝贵时间的浪费，因此，需要合理安排智能产品的使用时间，形成学习、生活、娱乐的有机统一。

对于传统生活方式，我们要取之精华，去其糟粕，将对现实生活的热爱，对美好自然的感知融入以智能设备为主导的时尚生活中去，促进现代时尚生活与传统生活方式的协调统一，相互取长补短、共同发展，形成时尚生活新风尚。

（四）场景预测：未来智能广告下的时尚新生活

在科技创新的浪潮下，整个社会的生产力水平不断提高。随着科学技术的层层革新，各类智能及电子设备高速升级换代的趋势势不可挡，它们正以燎原之势，向社会生活的各个方面辐射、扩散，促进了人们生活及工作方式的变革，为中国社会提供了朝现代化方向发展的不竭动力。

智能广告形式在科技现代化的进程中，也不断创新变化着。随着互联网及人工智能的进一步发展，智能移动终端的不断进化，相信智能广告在未来一定有新的投放渠道和全新的投放形式，将会引领不一样的智能时尚生活。在不久的将来，全新的3D投影技术将会运用到社会生活中，可能出现以该技术为依托的3D投影广告。比如，在各大商场及购物中心，通过安装在各个角落的AI摄像头，对过往的人群进行人脸扫描，以人脸数据为介质，可迅速寻找与这张人脸信息相关的社交账号、社交信息、新媒体评论信息、购物信息，通过人工智能的精确计算，迅速分析出这位受众的兴趣与喜好，以单个AI摄像头记录的范围为基础，对这群人的喜好进行综合分析，找出共性之处，之后便通过3D投影技术，在人群中投影出能够引起他们兴趣的广告产品。这种3D图像还能够与人群互动，吸引人群的注意力，宣传产品卖点，实现产品的实效销售。

随着3D打印技术的成熟，未来智能广告形式中，3D智能打印广告肯定不会缺席。在各个公共交通枢纽及公共交通设施上安装 3D 智能广告打印机，在人们乏味的出行过程中，3D 广告打印机会通过智能识别技术，凭借大数据及人工智能的分析，精准打印目标群体感兴趣的广告产品，目标群体可透过玻璃面，清楚地看到产品的打印过程，详细了解产品的内部结构、性能参数，从而激发受众的购买热情。这种广告形式，既有效宣传了广告产品，又极大丰富了人们出行的体验，具有较大的发展潜力。

智能投屏广告在未来也应该是智能广告的重要组成部分。随着智能设备的发展，屏幕可能会脱离物质载体，智能全息投影屏幕会取代 OLED 屏幕，新型的智能投屏广告会利用全息屏幕进行产品宣传。分布在各个地方的全息屏幕会根据人们的面部特征进行心理分析，判断人们的心理状态，对那些心情不愉悦的人们进行心理开导，将能够使受众感到愉悦的广告产品植入其中，既安慰了不快的人们，又无形宣传了产品，一举两得。

在未来，各种科技产品必然会给人们生活带来种种便利，提高人们生活水平，形成智能化生活模式，引领科技时尚潮流。

 课后思考

随着互联网技术及人工智能的发展，科技产品在以科技为主导的智能生活新时尚的形成中，扮演着重要角色。智能广告通过形式多样的信息流广告、独具特色的 AR、VR 广告以及智能高效的 AI 精准投放广告，对智能产品展开多渠道、多角度、全方位的宣传，为智能家居、可穿戴智能设备、智能手机、新能源汽车、智能无人机等智能设备的普及做出巨大贡献，促进智能化生活模式的形成。无论在衣、食、住、行这四个方面，还是在娱乐、社交、饮食、运动、出行等多个领域，都有智能产品的身影。在科技智能的生活方式下，建立高效化、便捷化的社交体系，拉近了人与人之间的距离；实现了科学化、智能化的运动方式，开创了运动行业新的时尚；打造了无烟化、低碳化的出行模式，促进了节能减排事业的发展；形成了健康合理的饮食习惯以及形式多样的娱乐手段，丰富了人们的物质生活和精神文化生活。

传统生活模式与现代时尚生活的融合，使人们在生活中既能感悟自然、又能享受生活，同时智能广告凭借精准化的内容生成，智能化的发布系统，准确化的用户定位，多样化的投放渠道，给人们的生活带来了诸多便利，形成了时尚生活的高效化、便捷化趋势。以智能设备为主导的智能生活模式将成为社会生活模式的主流，并将在未来很长一段时间里，引领社会时尚的走向，促进时尚生活的层层变革。智能广告正如新时代的弄潮儿，走在时代前端，开辟了一条全新的时尚之路。

课后习题

请描绘智能场景下的时尚生活。

第三章　虚拟场景：VR、AR 场景未来

将 VR、AR 技术与广告结合，通过 VR、AR 技术来制作全新形式的广告，使广告信息可以通过 VR、AR 设备被用户接收即为 AVR、AR 广告。综上所述，VR、AR 广告就是"指利用虚拟现实技术，能够在真实世界对象上加载信息或可交互的三维环境的广告形式"。

VR、AR 广告也可以叫作场景广告，它的核心理念在于营造一个有体验感的虚拟场景来呈现产品或传达广告信息，划分再精细些可以分为全景广告、展示广告、体验广告以及现场广告。

一、VR、AR 广告介绍

1. 全景广告

2015 年，视频社交网站 YouTube 第一个在手机客户端推广全景视频广告，用户只需要配合谷歌的 VR 眼镜，就可以在手机客户端上体验到完全不同的广告观赏体验，甚至有用户看过广告之后忘记了原本想要浏览的视频，这就是全景广告的魅力所在。它不像以往的广告一样只能跟随摄影机的视角来观赏，用户可以通过划动等动作实现视角的转换，得到不同视角观赏广告的新奇体验。三星为宣传其 VR 产品 GEAR VR 而制作的 *Surfing in Tahiti* 就是一则典型的全景广告，这则广告在冲浪圣地 Tahiti 取景，拍摄地点包括陆地、船上、水面以及水下，让用户全方位感受戴上 GEAR VR 的体验。

还有一些全景广告并不是基于营造场景体验来制作的，而是基于产品体验来制作的，这类广告大多会选定一个品牌的某个产品，介绍这个产品的形态、功能、品质等，以此来表达其产品理念或品牌理念。比如，英菲尼迪的概念车 QX30 的全景广告 *Form Pencil to Metal*，带领观众从第一笔素描设计开始体验 QX30 概念车的设计过程。从建模到最后概念车出现，让观众全方位地了解产品的每一个细节，对于提升品牌在观众心中的形象有着重要的作用。

值得注意的是，全景广告并不是单纯意义上的 VR 广告，它更多的是利用影像资料进行剪辑，构建一个虚拟的场景，在这个虚拟的场景中，用户可以通过视觉感知到周围的场景，但无法与场景中的任何元素互动。把全景广告列入 VR 广告，是因为全景广告的本质与 VR 广告一样，都是构建一个虚拟场景来呈现产品或传递信息，而且目前市场上的 VR 设备大多以 360°拍摄为基础，技术上也存在紧密的联系。但是两者还是有一定差别的，全

景广告的交互性不会太高，毕竟用户没有办法与场景中的任何事物互动。

2. 展示广告

展示广告主要是利用 VR 技术来展示产品的生产过程或者传达品牌理念的广告。消费者一般是直接看到产品的成品，而很少能看到产品的生产过程，但是由于食品安全问题频发，有不少消费者希望看到产品的生产过程。基于这项需求，展示广告应运而生。展示广告最大的优势就是能够让消费者清楚地看到产品的生产过程，对品牌产生信赖感，从本质上来讲是对品牌形象的塑造与维护，是为了向消费者传达一种理念。龙舌兰酒品牌培恩就曾制作还原其酿酒过程的 VR 宣传片，让消费者体验从采集原料、发酵酿制一直到包装出售的全过程，增加消费者对品牌的认知，提高消费者对品牌的好感度，进而促进购买。麦当劳与奥利奥也曾制作类似的视频，以期获得消费者的信赖。

展示广告不仅可以展示产品的生产过程，也可以传达品牌理念，如百事可乐的户外广告屏。百事可乐为了传达不含糖 MAX 系列产品的理念，把一块具备 AR 增强实景技术的广告屏（图 3-1）放置在伦敦新牛津街巴士站，在广告屏中将外星人、怪物等元素植入现实场景，人们在路过这块广告屏时会看到逼真的外星飞碟、孟加拉虎、卫星撞击地球、外星人掳走路人等场景。人们第一眼看到会觉得惊恐，但很快发觉这只是虚拟的场景。广告屏中呈现的场景让人们感到好奇，纷纷拍照上传社交媒体，引发热议。就这样，百事可乐巧妙地在社交媒体引出 MAX 系列产品"unbelievable"的理念，成功实现品牌推广与理念传达。

图 3-1　百事可乐 AR 广告屏

还有一些展示广告只是单纯利用 VR 技术吸引观众的注意，在其他方面与其他类型的广告别无二致。如 CCTV5 足球节目中曾出现的汽车 AR 广告。广告植入方式为在节目中，主持人的笔记本电脑正对镜头的那一面像车库门一样缓缓打开，一辆车驶出。这一广告让观众感到惊讶和好奇。这样的广告更容易让消费者记住产品，而展示的产品大多本身就具有品牌的信息，也能够起到传达品牌信息的作用。

3. 体验广告

体验广告是典型的 VR、AR 广告，它能让消费者沉浸在广告中，不再只是广告的旁观者，而是成为广告的参与者。

体验广告的应用领域很多，它与汽车行业结合，催生出汽车线上试驾活动。用户可以不用再专门预约时间去 4S 店试车，在线上就能完成初步的试车。这样不但节省了消费者的时间成本，也节省了 4S 店的成本，而且线上试车的安全性比现实试车高很多。大众与沃尔沃已经推出了相关活动，用户可以在线上试驾大众与沃尔沃的特定车型，如果试驾满意可以进行到店试驾的预约，甚至可以直接线上购买。线上试驾体验甚至还包括豪车的试驾体验，让每个人都有机会体验豪车驾驶。

体验广告与房地产行业结合，催生出线上看房服务。用户不必再专门花时间去看房，只需要在线上即可看到包括周边环境，房产面积、结构和装修情况等一系列信息。对消费者而言，先在线上进行初步的看房，满意之后再去看样板房无疑会方便许多。而现在这样做的楼盘有不少，但由于 VR、AR 设备的普及度不高，而且大多消费者觉得房产交易需要慎重考察，所以这种方式还只是作为一种辅助手段。

体验广告与旅游产业结合，催生出许多旅游公司的 VR、AR 广告。这类广告的内容大多展示旅行及旅行目的地的美好，让受众产生想要通过这家旅游公司来旅游的想法。现在市面上就有不少 VR 旅游广告，它可以让用户体验到世界各地不同的美景，让想要去旅游却不知道去哪的用户能够通过体验选择自己心仪的目的地。

体验广告与游戏产业结合，让用户可以享受到置身游戏世界的奇妙体验。游戏宣传的广告不再是几张图片或者一条宣传片，而是可以让用户自己去到游戏世界体验，这对 RPG（角色扮演游戏）以及 FPS 游戏（第一人称射击游戏）的宣传推广的作用巨大。

4. 现场广告

在一个现实场景中邀请人们进行 VR 体验，并将体验的场景还原到现实场景中，让用户感到新奇的同时能够记住品牌或者品牌想要传达给受众的理念，最后，再把现场拍摄的视频或者照片上传至网络，这种形式的广告就是线上线下相结合的现场广告。

现场广告的案例如韩国仁川机场的 VR 广告，工作人员在机场随机邀请参与者参与 VR 体验，参与者戴上 VR 设备后，眼前浮现的是带有韩国特色的食物、文化等内容，如韩国的特色食物，特色舞蹈，古代服饰等。在采集到参与者对各个场景的感兴趣程度后，计算机会提示参与者摘下 VR 头盔（图 3-2），而参与者最感兴趣的场景也会出现。摘下 VR 头盔后，参与者大多都非常惊讶，之后在现实中参与者们品尝美食、观看舞蹈、穿上古代服饰，在场的围观者则纷纷拿起手机拍照留念。最后，经过剪辑的视频被投放在网络上，引起人们的热议。

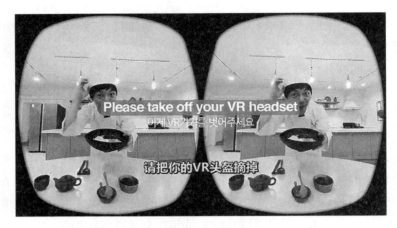

图 3-2 韩国仁川机场的体验者视角 VR 广告

现场广告的戏剧性以及瞬间的震撼效果是其他类型广告所不具备的，而且做成视频之后观看的门槛也降到了最低。但是其成本也比其他类型的高，而且观看视频所带来的效果比不上自身体验。

值得注意的是，大多数 VR、AR 广告都是多种形式混合的产物，它可能既包含展示广告，也包含体验广告。如在现场用 App 扫码的方式打开，页面里又是全景广告，多种形式混合是 VR、AR 广告的常态。

二、VR、AR 广告优势

1. 与众不同的沉浸式体验

不同于一般的广告，VR、AR 广告带给用户沉浸式体验，顾名思义就是让用户沉浸在广告中，从广告的旁观者变为广告的参与者，在体验的过程中自然而然地接受广告所要传达的信息。VR 技术最早应用于游戏领域，目的是让玩家更有代入感。VR、AR 广告也是一样，使用户具有代入感，让用户把自己代入视频或者游戏中，这样，用户才会发自内心地认为自己需要商家提供的产品或服务，达到广告的最终目的——促进销售。淘宝的buy+服务就是利用 VR、AR 技术带给消费者沉浸式体验的典型，在淘宝 buy+服务的页面，消费者戴上头盔后看到的是几个不同的选项，对应的场景也会不同，有新西兰的牧场，也有超市的货架，而且消费者可以通过触碰点击查看商品的相关信息，并且可以输入自己的身材系数来建立模型进行试穿，这就和普通的逛实体店没有太大的差别了，而且还保留了线上购物的方便快捷。这个购买的过程就是沉浸式体验，消费者不会认为自己是在线上购物，因为他可以触摸到商品，还可以与商品发生互动。

VR、AR 广告的核心竞争力就在于沉浸式体验，它让受众对广告的场景有代入感，从而向受众传达广告信息。如爱尔兰啤酒的 VR 广告（图 3-3），这条广告先展现爱尔兰当地的特色风景，随后画面中出现爱尔兰本地的酒吧，最后画面定格在一个帅气的爱尔兰男子面前，在消费者者摘下头盔后，发现那个男子就站在自己面前，这让消费者不禁觉得之前的场景也像真的一样，非常有代入感，仿佛自己真的畅游了那些场景。这样，用户会乐于观看 VR、AR 广告，VR、AR 广告的传播效果无疑会好很多。

图 3-3　爱尔兰啤酒的 VR 广告

2. 交互多易采集用户个性需求

传统的广告更多地局限在"看"和"听"两个感官领域，而且由于环境的干扰导致受众的卷入度低，而 VR、AR 广告则在"看"和"听"的基础上进一步深化，受众不仅能"看"和"听"，还能"触摸"，少数设备还能支持用户"嗅"。感官领域的提升自然也使广告与用户交互更多，交互增多意味着用户体验的反馈也会增多，而这些反馈正是广告商所需要的受众个性需求。在淘宝 Buy+ 服务体验中，用户可以通过触摸选择所需要的商品，来进行试消费。而用户在看什么、什么吸引了他们的注意力、他们做了什么动作，这些数据都将进行反馈。这些反馈的数据会比大数据更加精准，用户误点的可能性会大幅降低，结合消费者行为学的相关知识，这些数据将为广告提供商还原最真实的受众个性需求，而有了这些数据，精准把控消费者需求将变得轻而易举。

无疑，这种数据采集方式虽然与大数据思路类似，但更加有效，数字自媒体时代与传统媒体时代相比，用户与消费之间的距离缩短了，但用户与商品或服务还是处于两个空间。VR、AR 广告则弥补了这一缺憾，它将用户与商家提供的商品或服务置于一个虚拟空间，让用户能进行试消费，用户能够体验到与实物相同作用、效果的虚拟商品，放心购买，而且商家也不用担心虚拟商品的损坏会波及实物商品，实现了商家与消费者的双赢。

3. 隐蔽性更强

许多广告之所以无法将信息传达给受众，是因为受众对广告有很强的厌烦心理，更别谈接收其中的广告信息了。而 VR、AR 广告在这方面占据的优势就比其他类型广告大得多，由于许多 VR、AR 广告采取的是游戏娱乐的方式，所以受众不会认为这是广告，而会认为这是一次娱乐体验，广告传递受众的概率会提升，广告的传播效果也就会好很多。VR、AR 广告着重情景式体验，构造一个虚拟的场景使受众沉浸其中，以互动式体验为表征，隐蔽性自然比其他广告要强。

4. 趣味性更强

VR、AR广告的趣味性优势表现在广告内容与广告形式两个方面，VR、AR广告的表征一般是互动式体验，受众能够参与到广告中，并能进行反馈，相比只能被动接受的广告形式，这种形式无疑要有趣得多。在广告内容方面，借助虚拟现实技术的VR、AR广告更容易向用户提供独特而生动的趣味体验，它可以让用户通过VR设备畅游热带雨林，体验热带雨林与众不同的风光，了解热带雨林独特的物种；也可以让用户在家里观看悉尼歌剧院的演出，获得很好的艺术体验；甚至可以让用户戴上VR头盔和传感器去阴森恐怖的丧尸地带狩猎丧尸。而在广告形式方面，VR、AR广告大多注重以独特新奇的形式接近受众。瑞典麦当劳也曾推出一项活动，消费者可以通过麦当劳的餐盒、附赠的镜片以及自己的智能手机制作一副VR眼镜，组装完毕后用户可以戴上眼镜玩一款名为"Slope Stars"的游戏（图3-4）。该游戏的灵感来自瑞典国家滑雪队，用户戴上眼镜，在雪道上滑雪，规避障碍，收集游戏中的星星来得分。独特的创意表现手法大大拉近了品牌方与受众之间的距离，可以让受众主动参与到广告互动中。这样的广告在趣味性上比其他类型的广告更有优势。

图3-4 孩子们在使用麦当劳盒子VR眼镜

三、VR、AR广告的未来预测

1. VR、AR设备简化使受众增加

2016年，谷歌Card Board获得戛纳国际广告节移动营销类全场大奖，让Card Board站上了风口浪尖。Card Board与其说是一款产品，不如说是一个好的创意，它是一个可折叠的智能手机头戴式显示器，将智能手机装入其中，一个简易的VR设备就形成了，不同于其他VR设备，Card Board的成本仅8美元。这意味着，VR设备不再是富裕阶级的独享物，这对VR、AR广告的发展有极大的促进作用，VR、AR广告不再需要用户花费高昂的成本才能观看，受众自然更广。而在未来，VR、AR设备必将做优做简，而VR、AR广告的受众也将得到进一步的拓展。

2. VR、AR 将拥有更广阔的投放渠道

除了在 YouTube 上投放的 VR、AR 广告，还有很多别的平台上也有类似的全景视频，《纽约时报》开发的名为"NYT VR"的虚拟现实新闻客户端就是其中的典型。虽然"NYT VR"是一个新闻客户端，但也是传播 VR、AR 视频的平台。这样的平台将会越来越多，形成基于 VR、AR 技术的平台，VR、AR 广告也能够在更多平台上进行投放，带来更多的曝光。由于 VR、AR 广告能够带给观赏者与众不同的观赏体验，将来会有越来越多的广告主选择使用这一广告形式进行广告宣传，进而形成一个良性的循环，直到市场达到接近饱和的状态。

3. UGC 与广告商共同推动 VR 广告的发展

2017 年 6 月末，Google 发布消息称其旗下 Area 120 团队正在探索广告新形态；7 月初 OmniVirt 开辟 VR 广告平台，为创作者提供变现渠道。前者意味着广告商开始注意到 VR 广告，后者意味着 UGC（用户生成内容）开始在 VR 领域出现并逐步规模化。在将来，VR 广告所需要的内容会由广告商与用户共同提供，广告商提供部分 VR 广告以及 VR 广告平台，而用户可以分享浏览体验，也可以自己创作再通过渠道变现，而这些都会成为 VR 广告茁壮成长的土壤。

4. VR、AR 广告将以体验形式出现

由于受众对广告的反感情绪，VR、AR 广告将以"体验活动"的形式展开，而不是简单粗暴以广告的名义向受众传递广告信息。在整个广告过程中，广告主发布广告不再是简单地推销商品或者传播洗脑广告词，而是将自己的诉求融入体验环节。广告公司更像是一个活动的组织者，受众也不会有什么观看广告的烦躁感，而是将注意力更多地放在体验活动。这样的广告既不会引起受众的反感，也能实现广告信息的传达。

5. VR、AR 广告之间竞争的关键

VR、AR 广告需要的还是内容和创意，就 VR、AR 广告而言，"内容为王"的时代仍未过去。当受众习惯了 VR、AR 广告的技术冲击之后，他们也会更关注广告的内容和创意，如何把互动性体验设计得更有趣，如何在丰富广告内容的同时把广告信息传达给受众，这是将来广告创意工作者要思索的问题。

 课后思考

VR、AR 广告距离实现规模化仍有很长的一段路要走，但 VR、AR 广告的优越性毋庸置疑，VR、AR 广告的沉浸式特征可以带给受众与众不同的广告体验，隐蔽性更强意味着广告不易引起受众反感，趣味性强意味着被受众接受度高，高交互性则意味着广告投放用户更精确。如果能够克服技术缺陷，那么，VR、AR 广告将有更大的发展空间。但是，VR、AR 广告也有很多不足，制定 VR、AR 广告制作统一的行业标准规范、建立完善的

VR、AR 广告投放法律制度规范，是 VR、AR 广告发展过程中不可或缺的一部分。

——————————————————————————课后习题

分析未来 VR、AR 广告在时尚创意方向的发展。

第四章　智能全景：技术浪潮下的时尚广告

人类社会经历了四次意义重大的传播革命，每一次革命都将人类文明推向新的发展阶段。随着社会的不断进步，生活水平的不断提高，在网络时代下，人们对美有了新的认识，对时尚有了新的态度，新兴广告的产生也已打破了原来的传统广告模式。

一、以互联网传播为依托

（一）互联网传播的特点

互联网主要以数字技术、计算机网络技术、移动通信技术构成，具有数字化、智能化、移动化等特点。

1. 数字化

数字化是互联网的关键技术，也是它的奠基石，基于现有数据进行预测成为大数据的核心，谷歌、百度、Facebook、微博等各大网络消息传播平台掌握用户大量信息，使人们的行为和情绪化测量成为可能，用户的喜好特征和行为习惯都能通过复杂的数据找到，产品可以基于这些数据向符合的目标用户来针对性的调整和优化；全球领先的 UPS 快递利用地理位置定位数据为货车指出最佳的行车路径，仅 2011 年，UPS 的驾驶员们就少跑了4828 万公里的路程，节省了 300 万加仑❶的燃料并且减少了 3 万吨二氧化碳。将信息数据化促进了数字技术的发展，从得到信息再到利用信息，使未来大数据时代存在很多无限可能。

2. 智能化

随着科技的发展，智能化开始出现，比如，语音人工智能、智能手机等，它是现代通信的方式，也是信息智能集合，由现代通信与信息技术、计算机网络技术、行业技术、智能控制技术汇集而成的针对某一个方面的应用，在信息化数字技术时代，计算机网络技术将互联网从 Web1.0 时代带入 Web3.0 时代，未来还可能是 Web4.0 时代。智能化的网络生活可以使人类不断地满足自己的需求，将生活简单化。

3. 移动化

移动通信技术是互联网与新媒体时代的重要支撑技术，从 1G 发展到 4G，再到即将普及的 5G，用户彻底摆脱了终端设备的束缚，实现了完整的个人移动、可靠的信息传输和接续。我们不仅可以在家看电视剧，也可以在手机、平板电脑、地铁屏幕、广场大屏等多

---

❶　1 加仑＝3.785L。

种设备上看。据统计，2011 年《中国达人秀》在网络视频上的收视人数和电视观众相同。无论现在还是未来，移动通信网络都将高质量、高速率完成全球范围内乃至太空与地球之间信息的移动通信和传输。

（二）互联网大数据时代下产生时尚广告

广告作为商业化的产物，已经涉及人们生活的方方面面，新时代的消费者，在乎的不仅是产品本身，他们还需要紧跟时代潮流，所以时尚广告也最能引起话题。*VOGUE* 在1913 年刊登了一张由法国摄影师 Adolphe Deyerp 拍摄的照片，时尚广告正式进入大众视野。对于传统的时尚广告来说，平面的视觉性时尚广告较多，如时装摄影图、插画图等，内容形式较单一；而大数据时代下的时尚广告种类形式丰富，传播渠道种类多，针对不同目标人群改进不同的时尚风格，比如 GUCCI 品牌的广告是复古高级风，而 Dior 的品牌时尚广告风格则是极简时尚风。

（三）时尚广告的形态

1. 时尚广告的诠释

"时尚"是指社会上相当多的人在短期内追求的生活方式或行为模式，是某一社会文化区域正在流行的社会规范；具体地说，是指一个时期里相当多的人对特定的趣味、语言、思想，以及行为等的随从或追求。时尚的本质是欲望，时尚是经常变化的，是符合当下精神的；广告则是"广而告之"，向社会广大群众传递信息，作为大众文化的传播形式，影响消费者的消费心理、消费习惯、价值观念、生活方式等各方面。广告目的是促进销售和购买，倡导消费行为和时尚流行观念；顾名思义，形成时尚广告就是要在每段时期内符合现代性潮流的视觉语言，借助某个特定的形象树立品牌形象并传递时尚潮流相关信息去说服消费者的行为模式。

2. 时尚广告的特征

在互联网大数据时代下，数字技术、计算机网络技术、移动通信技术使传播系统产生了结构性的影响。互联网作为信息生产与传播的平台，可流通的信息数量大，传播速率快；而广告需要通过一定的传播媒介向大众传递信息。广告中的时尚广告的流行范围较小，持续时间短，只有不断换以新奇的态度，才能吸引人们去模仿，影响人们的心理行为，提高追随者的情操，使他们关注生活方式的变化。

波德里亚在他的《消费社会》一书中指出"消费社会是从生产为中心的模式向以消费为中心模式的转变，在这个深刻的转变过程中，视觉因素作为一个不可避免的趋向呈现出来"。广告是消费社会的产物之一，其目的是吸引消费者，影响消费价值观，使消费者产生消费欲望并做出购买行为；时尚则是一种审美潮流的欲望和视觉冲击力；视觉形象被时尚广告体现。从视觉语言来看，时尚广告是视觉语言的符号，同时也是视觉消费，它直观地表达了视觉语言的美、艺术化、个性化。

二、多元化的时尚广告

随着互联网技术的应用和发展，新媒体开始出现。它的主要特征为数字化、交互性、超时空，利用数据收集、对受众准确定位并与其进行网络互动，品牌时尚文化可以直接有效地渗入用户生活的方方面面，和用户达成了一对一的信息交流。用户将会真正进入时尚文化氛围，让品牌和用户建立长期的亲密关系。新媒体环境下的时尚广告第一类是现在比较成熟的搜索时尚引擎广告；第二类是基于搜索时尚引擎和各大门户时尚网站，产生的网络联盟广告；第三类是智能手机发展过程中出现的各种 App，如微信、微博、抖音、快手以及各平台的时尚信息流广告等。

（一）新媒体时尚广告

1. 微信时尚广告的形式

互联网的发展带动新媒体的发展，新媒体的发展又衍生出自媒体的发展。对于微信时尚广告而言，主要有四种传播方式；一是微信时尚公众号，由微信时尚广告发展的中坚力量，如《时尚芭莎》、*VOGUE* 等时尚杂志的公众号组成。除此之外，还有很多时尚网红博主开设公众号，流量粉丝较多的有《黎贝卡的异想世界》，也有各大服装品牌、化妆品品牌、汽车品牌等开设公众号，来树立自己的品牌形象。二是微信朋友圈时尚广告，微信朋友圈时尚广告有图片、小视频，还有通过大数据推送的链接、视频、公众号等。三是近年来发展起来的时尚微信小程序，小程序可以在微信内被便捷地获取和传播，是一种不需要下载安装即可使用的应用程序，是和原有的微信公众号并行的体系，比较有名的有"IDS大眼睛买买买"。四是微信群时尚广告，如代购群，发产品图和产品信息以及产品广告。

2. 微信时尚广告的精准投放

实现微信时尚广告的精准投放就是识别微信用户里对时装、化妆品、配饰、汽车等时尚内容关注的目标群体进行定向投放，对时尚公众号而言，时尚网红博主会根据自己的公众号下的粉丝留言得出数据，并推送他们喜欢相应的时尚信息内容，用精准的标题去吸引用户，增加阅读量（表4-1）。

表4-1　标题精准投放

公众号标题	广告内容
逛奢侈品店禁忌行为大全	De Beers 钻戒
活着，太费头发了	SCALP X 防脱青春水
现代人的 10 种限量版人生	SK-Ⅱ神仙水
办公室鸡血标语大全	英特尔处理器
隐形富豪辨别指南	Loro Piana 羊绒
都市男人要脸指南	男性护肤品牌 House 99

微信朋友圈的时尚广告推送则是基于大数据分析，通过分析用户朋友圈的语言特性，以及朋友圈的图片内容，涉及自然语义理解，以及图像识别这些人工智能技术。从识别消费意愿入手，利用腾讯海量的社交数据，进行广告精准投放。

（二）新颖的植入式时尚广告

1. 影视剧植入式时尚广告

随着生活水平地不断提高，大家对文化娱乐活动的需求越来越多，影视剧受众数量越来越多，广告主也越来越关注影视剧植入广告。一般，影视剧广告植入的方式有镜头特写植入式，是影视剧中最常见的植入方式，在影视剧中的画面给植入的时尚品牌的 Logo 或者时尚品牌下的产品一个几秒钟的特写，这可以使观众有效地从注意影视剧的内容转移到植入广告的品牌上来，达到让受众认识、熟悉品牌的效果。如《择天记》中"一叶子"字样的标旗就出现了在镜头画面中。广告植入方式还有场景提供植入式、角色扮演式植入、品牌形象式植入、品牌文化植入。在影视剧中植入时尚广告不仅可以大幅提高品牌的知名度，还可以在受众心中树立品牌形象，了解品牌定位。如《欢乐颂》中刘涛主演的"安迪"是一个干练独立有品位的时尚都市白领，她在剧中穿的"Brunello Cucinelli"品牌的服装，随着电视剧的热播深入都市独立女性心中。

2. 综艺植入式时尚广告

在新媒体互联网环境不断变化的情况下，新兴内容形态一直层出不穷，综艺节目的大量出现便成了时尚广告植入的新时机。综艺节目植入广告呈现出形式多样、创新性强；轻松幽默、娱乐性强；与综艺节目融合度高，可接受性强；品牌数量多、植入频率高这四个新特征，有效地提升了广告的可观赏性及广告的到达率。同时，观众对综艺节目的喜爱也间接提高了对植入品牌的注目度。广告是时尚的传播者，植入广告具有品牌植入数目多、恰当的广告示范和有趣的广告语等新型传播特点，带动了一系列关于物质、行为和观念的流行，三者相互促进，共同塑造了新型的都市时尚文化。

3. 制作节目式时尚广告

在竞争异常激烈的中国电视媒体的生态环境下，以汇聚优质资源为杠杆的创新发展模式，已经成为当下强势媒体发展的"新常态"。在"互联网+"的影响下，植入式的时尚广告已经不能满足广告主的需求，他们开始通过制作节目的方式向大众传播自己的品牌信息。如《女神的新衣》是东方卫视播出的时尚节目，随后安徽卫视也推出了《时尚妈咪》《时尚生活》《时尚男人帮》。近年央视也播出了由波司登羽绒服赞助的《时尚大师》，爱奇艺也推出了自制的原创潮流经营体验节目《潮流合伙人》。

三、人工智能与时尚广告

麦肯锡数据表明，人工智能（AI）在工作场所的自动化能使国家每年的 GDP 增长 0.8% ~ 1.4%。在这种生态环境下，各领域都在不断探索 AI+ 的应用，而广告行业无疑是 AI 技术实践的完美基地。广告是不断变化的，技术变革会使之不断演进，信息技术的成熟，将广告进入网络时期和大数据推动时期，人工智能时代的时尚广告也逐渐拉开序幕。AI 技术通过大数据、人工智能算法、实时计算能力去改变时尚广告的设计、传播模式、制作流程等。以 Vido++极链科技的 AI 场景平台 ASMP 来说，ASMP 通过 Vido AI 技术将全网海量视频进行结构化分析，精准识别时尚视频内容出现的消费场景，再结合时尚品牌信息。让关注时尚内容的用户在观看视频的同时有效地获取到相关时尚品牌智能推荐信息。这不仅增加了相关时尚品牌的曝光度，也加深了受众对相关时尚品牌的印象。AI 将不只出现在科幻的电影和小说中，利用 AI 技术制定、投放精准的个性化且准确性的时尚广告信息将成为现实。

在巴黎的一座新兴的美术馆 Atelier des Lumi eres 中，由 OUCHHH 新媒体工作室所创作的 Poetic AI 的艺术展。这场规模巨大的 AI 技术展览，通过 AI 技术的转码后的图像由 136 台投影仪的照射展现了现代科技与传统文化的碰撞。古老而神秘的文字、字母和图案在被 AI 技术的带领下，以一种新方式带领受众沉浸式体验时尚艺术的魅力。

（一）AI+时尚广告的方式

1. 实现智能化的精准定位

艾·里斯和杰克·特劳特提出"精准定位是在对本产品和竞争产品进行深入分析，对消费者的需求进行准确判断的基础上，确定产品与众不同的优势，并以此为基础，确定品牌在消费者心中的独特地位，将它们传达给目标消费者的动态过程"。在人工智能技术的基础上，可以通过对目标用户的时尚行为习惯、心理行为、消费习惯、工资收入等进行数据分析，做出精准个性化的判断，得到更精准的目标用户画像并洞察消费者的真实需求。

2. 智能优化投放个性的时尚广告的策略

时尚广告的智能化是利用计算机图形、数字影像、人机交互、传感设备等技术精准识别时尚广告内容，同时追踪受众画像和需求并提供准确有效的建议。此外，人工智能还能实现适合时尚广告的投放渠道、优化投放策略、预测投放后效果，一方面，利于广告主提高 ROI，降低时间成本；另一方面，智能化的时尚广告可以让受众体验沉浸式的交互环境，让他们感受到广告所带来的时尚魅力。

3. 快速输出结构化、标准化内容

阿里云峰会指出"人工智能能够在特定时间内完成对大量信息的搜集、整理、分析和总结。像汇量科技的 DMP 数据过百亿，数据庞大到达了人处理不了的程度，但对人工智能而言却十分容易。人工智能将这些自动采集的数据整合到投放系统，对用户进行分层及创建标签，深度挖掘用户行为特点和人口属性，提供不同粒度（全量、周、天）活跃设备信息"。对于时尚广告的内容制作和设计来说，人工智能在对数据的分析和信息加工的条件下，智能化的自动输出标准性的时尚文案、时尚的相关设计元素、时尚海报、时尚视频广告等，并精准投放广告。

（二）AI 语音智能时尚广告

根据 VoiceLab 调查显示，2017 年全球有 3300 万语音命令设备，50% 以上的"千禧一代"每月至少使用一次语音助手功能。天猫精灵、小米 AI 音箱小爱同学、Alexa 等语音智能技术产品的推出，增加了消费者生活中的趣味性，人们可以与它们聊天交流。当人们对语音智能产品系统说出想要化妆品或者包等产品时，它能说出相应的时尚品牌让你去挑选，不用再去网页上搜索相关信息。这大幅增加了用户使用的便利性。比如天猫精灵会基于用户之前购买历史和行为找到目标商品。那么天猫精灵在找到相同或相似的时尚产品时

就会对用户推荐这个时尚品牌。通过语音智能识别技术，了解消费者当下的真实需求，真正缩短了时尚品牌与消费者间的距离。

四、5G 时代的时尚广告

5G 是第五代移动通信技术的简称，它不是全新的技术，而是对通信技术的集成和优化（图 4-1）。Jon Rafman 说："我的工作是为了探索新的技术和社会，这就包括我们如何改变这两者之间的关系"。随着 4G 的成熟应用，5G 的诞生，即将迎来 5G 的互联网世界，对 AI、VR、AR 都起一定的推动作用，这对时尚广告在视觉效果、体验方式、传播效率、传播渠道等方面都会产生一定的影响。5G 技术的优势不仅是速度的极大提升，在安全性、覆盖性和灵活性上都有一定的改善。"刷脸"交易会越来越普遍，人们的生活会越来越便利，生活式的场景时尚广告将成为线下广告的主要趋势。对于消费者来说，它会带来更快的网络速度，提供身临其境、更方便快捷的优质时尚广告服务体验，消费者无感知地沉浸在有趣的交互体验中，广告不再是人们厌烦的对象，而是一种视觉和交互体验式的享受。

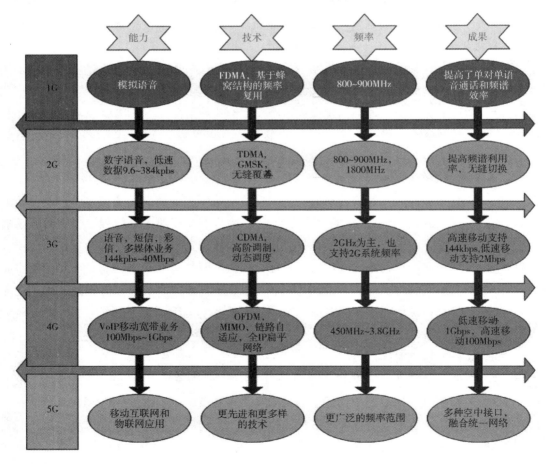

图 4-1　5G 发展过程

（一）艺术性的视觉效果

从 1G 时代到 5G 时代，可以看到 5G 具有高速率、大容量、低时可靠的特点。5G 一旦规模化，3D 广告、VR 和 AR 技术的应用、定位的数据的准确性等，都会给时尚广告找到精准的消费者信息。在英特尔和 Ovum 的报告中，预测了 5G 用户的月平均流量将达到 11.7G，2028 年将增至 84.4G，届时视频预计占 5G 流量的 90%。5G 技术的应用减低了互联网套餐的成本，各个通信运营商也提供了各种优惠的无限套餐，人们花在手机视频、音乐和游戏上的时间显著增加。由于信息的高速传播，人们的生活水平将大幅提升，对优质内容有了更高要求，时尚广告为了抓住目标消费者的眼球，去吸引受众，广告内容的视觉表现形式将会越来越个性化和艺术化。

（二）高质量的电商平台奢侈品时尚广告

现在我们每天大量时间都在网上冲浪，随着 5G 时代的到来，物联网的高速发展，网上生活将会是每个人生活中的一部分。4G 时代是一个无限宽带时代，大多数人都可以在网上购物，而 5G 时代的生活，网购的人会越来越多，注重仪式感和热衷联名款可能成为当代年轻人的主要生活潮流方式。

对于即将覆盖全网的 5G，物联网和电商平台也会进入高速发展期，人们会越来越依赖手机，更多的人将成为互联网的参与者，网上购物的形式和信息获得也将迎来新的转变。电商平台将通过云计算、人工智能提供奢侈品品牌广告进行用户匹配，实时推出高质量的奢侈品品牌广告信息。

（三）5G 时代对时尚广告的影响

5G 网络的普及，将进一步推动 AR、VR、AI、互联网等先进领域的发展，高速的视频影像流码、身临其境的 3D 体验模式、多方位传播的渠道等技术的提升也将使世界呈现新的形态，并提供更多的可能性，同时丰富人们的感官世界，对艺术、时尚产生更多的个性化灵感。一方面，5G 技术的实现会为广告主提供精准的信息，也会提供大量丰富而具有个性化的时尚设计元素，广告主也将利用 5G 技术的高速率、智能化的系统性能以及大数据技术，向受众提供智能化、高端化、国际化、艺术化的时尚产品。它的高可靠性可以为用户推出高质量内容的时尚广告内容和有效的信息。在另一方面，时尚广告在一定程度上也推动着 5G 的发展，时尚广告更新速度快、内容新颖、讲究品位、意识前卫、引领流行趋势，是引导消费者追随潮流的媒介之一。而 5G 技术是时尚广告依靠的呈现方式之一，使 5G 技术速度更快、传播模式多样化、高速更新信息。

五、VR 时尚广告

VR 时尚广告是一种创新性的时尚广告形态，分为加载时尚画面广告与应用植入性时尚广告，其形式是 360°视频时尚广告、剧院级大屏幕视频时尚广告、有趣的 2D 和 3D 展示位置时尚广告，应用推荐以及多形式的混合型时尚广告。VR 时尚广告的展示支持多平台，内容可覆盖各种 PC 端和移动端的 VR 设备。

VR 时尚广告实际上就是原生时尚广告 3.0，提供前所未有的时尚广告观看体验，受众可以置身于有趣的时尚广告场景中以此产生相应的互动，让受众印象深刻。在 2D 和 3D 的游戏时尚广告（如游戏时尚女孩职业装）中，精准瞄准消费者群体，受众在参与游戏过程中，时尚广告的内容使用户觉得时尚广告不再是一种乏味的视觉体验，而是可以切身实际地去感受虚拟现实中时尚的自己，来博得消费者的好感。

VR 技术为时尚品牌和目标受众之间架起了新的桥梁，时尚品牌能够通过 VR 技术进行创新创意来塑造一个美妙的时尚场景，让消费者对时尚品牌产生更多的好奇和探索，同时增加与时尚品牌的互动性，利用 2D 和 3D 游戏，让每个想成为时尚博主的人都可以成为享誉世界的时尚博主。在传播过程中，时尚品牌不仅完成了自我信息的展示，还重塑了品牌的故事性和情感，提升了品牌的综合价值。在 VR 营销提供的场景式体验中，目标受众作为参与者，必定和与其他参与者进行互动，增加了时尚品牌与受众的参与性，利于时尚品牌更好的营销。

从 VR 广告服务平台内部得到的数据可知，VR 视频广告拥有 85% 的可略过视频留存率，以及高达 62% 的视频观看率，在 VR 游戏内的 2D 和 3D 植入型广告，则达到 72% 的观看停留率。从这些数据来看，VR 技术不仅为时尚广告提供了创意，也为时尚广告增加了一定的趣味性，时尚广告不再是静静地矗立着等消费者观看，而是可以和消费者互动的。对于时尚品牌而言，VR 广告可以帮助品牌吸引了受众，建立了忠实的粉丝群体，创造了无限的遐想空间。可以说，处于科技浪潮下的 VR 时尚广告是"魔幻的"。

 ———————————————————————— 课后思考

在新媒体的发展下，时尚广告的形成和发展不仅体现在技术层面，也表现在媒介形式和传播模式上，在满足大家对时尚认知的同时，也通过多种渠道去推广产品的品牌形象。时尚广告的发展立足点则是依托互联网技术，合理利用新媒体的资源和功能，可以达到更好的传播效果，激发人们的消费欲望。其创新性在于互联网大数据时代充分填补了人们的碎片化时间，借助传统媒体在内容生产方面的核心优势，能够影响大众的生活方式和消费价值观，通过移动互联网的模式，最终实现时尚广告对品牌真正价值与文化的传递。

时尚广告的更新，需要借助时尚传播媒介向大众传达信息，而时尚传播媒介的发展又依托于每个时代的技术，从语言产生传播，再到互联网、物联网的产生，每一次的技术革新都促进了时尚传播媒介的发展。由此时尚传播媒介设置了报道议程，向目标受众传递某种时尚观念和流行范式，打造时尚范式的生活。信息流通的方式呈现出普遍化的特征，时尚广告的传播媒介依赖于技术来实现，5G、AI、VR 等技术相继发展，给时尚广告的创意以及传播模式创造了多样化的发展机会。多元化的技术将把时尚生活方式和时尚文化融入大众的日常生活中，追随时尚将会是一种常态。

——————————————————课后习题

请描述技术浪潮下"魔幻"的 VR 时尚场景。

第五章 智能创意：IA 创意广告

一、IA 智能创意广告介绍

（一）AI 与 IA

20 世纪 50 年代中期，计算机专家麦卡锡在 Dartmouth 学会上首次提出了"人工智能（AI）"这一新概念。会议正式确立了 AI 这一概念，并开始从学术角度对其展开了严肃而精专的研究，人工智能（AI）自此进入大众视野。

人工智能（AI）全称 artificial intelligence，是计算机科学的一个分支，指人类制造的机器所表现出来的智能，最终目标是让机器具有像人脑一般的智能水平。目前，人工智能还处于弱人工智能的阶段：即能完成特定任务的算法和程序，如人脸识别、语音识别、图像识别、专家系统等，未来数十年或将处于这个阶段。

几乎在同一时期，恩格尔巴特提出了"智能增强（IA）"理念。智能增强（IA）全称 intelligence augmentation，字如其意是增强人类的智慧和能力。最早的智能增强设备要属20 世纪 60 年代恩格尔巴特发明的计算机鼠标，它的意义在于它极大增强了人类与计算机交互的能力。除了鼠标、Siri、智能腕表也是智能增强设备。

人工智能（AI）和智能增强（IA）是两种不同的科技发展理念，前者关键词是"取代"，后者的关键词是"增强"。二者最大的区别是有没有人的参与：AI 是把所有工作都交给机器人，而 IA 在于增强人类某种能力，或者换个角度也可以简单认为 AI 是"机"，而 IA 是"人机互动"。

（二）智能广告

21 世纪新兴的智能广告不再是一种单一的广告形态，而是依托大数据，以程序化创意（PCP）、程序化购买（DSP）、竞价（RTB）、数据分析管理（DMP）等智能化技术为核心的智能化广告运作的动态过程。运用智能媒体构建场景入口来连接用户与媒体，以网络平台收集到的大数据为基础建立数据库，勘测用户行为，聚集用户信息进行运算并给予标签，按照用户的喜好、需求等个性化特征生成并推送广告，提高广告投放的精准率和转化率。

（三）IA 智能创意广告

IA 智能创意广告是智能广告的初级阶段。需求方的智能化也好，供给侧的智能化也好，都未完全取代广告人的工作。通过智能化技术，传统的市场调查等烦琐、低效率性的工作取代，基础岗位面临淘汰。广告人为了在行业里更好的生存，必须学习更好的数据处理能力、更复杂的决策能力，提高自己的工作效率。同人工智能一样，智能广告也将在未来、甚至数十年都处于智能增强（IA）阶段。

二、IA 智能创意广告技术背景

智能创意是需求方智能化技术还是供给侧智能化技术，都依托于大数据和智能化技术。大数据是基础，智能化技术是核心。没有大数据，智能化技术只是一个晦涩的高级程序；没有智能化技术，大数据只是一堆庞大的废料。二者相辅相成，引发了行业的变革。

（一）Web3.0 与 IA 智能创意广告

Web3.0 是基于物联网发展的"万物皆媒"阶段，这个时期网站内的信息可以直接和其他网站相关信息进行交互，能通过第三方信息平台同时对多家网站的信息进行整合使用；用户在互联网上拥有自己的数据，并能在不同网站上使用；完全基于 Web，用浏览器即可实现复杂系统程序才能实现的系统功能；用户数据审计后，同步于网络数据。同时Web3.0 的信息传播方式也从 Web1.0 和 Web2.0 的搜索逐渐转为推荐，从"人找信息"逐渐转变为"信息找人"。

Web3.0 的发展带来了前所未有的大数据资源，这些资源构成了 IA 智能创意广告的基础。Web3.0 时代，用户在互联网上的每个行为都被精确而翔实地记录下来，再通过网站的数据共享形成庞大的用户数据集。这些数据隐含了用户的浏览习惯、生活习惯、消费偏好甚至性格爱好、兴趣特长、身高体重等信息，通过这些数据可以很好地洞察用户需求。大数据完成了传统广告需要人工开展的市场调研等数据收集的工作，又从海量的数据中通过对用户行为的分析贴上精准化的标签，为 IA 智能创意广告的广告决策、策略制订、媒介投放提供了强大的数据支持。

（二）第四次工业革命与 IA 智能创意广告

第四次工业革命，是以人工智能、清洁能源、机器人技术、量子信息技术、虚拟现实以及生物技术为主的全新技术革命，人类将迈入"智能化时代"。在这场革命中，人工智能占据着举足轻重的地位。世界各国为抢占"革命红利"纷纷将人工智能上升到国家发展战略层面，制定发展战略、出台支持保护政策，为推动人工智能发展提供了强有力的支持。2015 年发布了第一份有关人工智能的政策性文件——《中国制造 2025》，在"十三五"规划中将人工智能行业纳入其中，到 2019 年，短短 5 年时间内就发布了 10 份关于促进人工智能发展的政策文件。尽管现在还只是弱人工智能，即智能增强，机器只是部分取代人工，但智能化技术正以迅猛的速度渗透各行各业，瓦解并重塑着新的行业生态。

第四次工业革命推动了智能技术的高速发展，智能化技术成为 IA 智能创意广告的核心。2018 年，在有广告行业"奥斯卡"之称的戛纳国际创意节上，一些机构公司推出的智能文案轰动了整个广告界。它可以根据商品自动生成文案，并且文案品质与人写文案已经没有明显差别。广告领域的智能化技术从市场调查、策略制订、媒体投放、效果评估再到创意与内容生产，正逐步加深并直抵核心。可以预测的是，智能技术即将成为对广告运作模式产生革命性变化的新动力，催生出全新的广告运作模式。

三、IA 智能创意广告运用

（一）IA 智能创意在实践中的具体作用

伴随着大数据、智能化技术的深入发展，IA 智能创意广告从理论构想一步步进化到了实践运用。IA 智能创意广告闭环的形成得益于广告业需求方和供给侧智能化技术的衔接，成功取代了传统"广告主—广告代理公司—媒体"这样一个三方的广告开环系统。其中程序化购买（DSP）、竞价（RTP）、数据分析管理（DMP）等需求方智能化技术在实践中直接作用于 DSP 需求方平台、ADX 广告交易平台、SSP 供应方平台和 DMP 数据管理平台；而供给侧智能化技术即智能化创意、智能化内容生产和智能化内容管理分析技术在实践运用中则作用于程序化创意平台（PCP）。

DSP、ADX、SSP、DMP 四个平台组成了 IA 智能创意广告的需求方闭环，利用程序化购买、竞价、数据管理技术解决了传统广告业的市场调研、媒介策略等问题。

1. DSP 需求方平台

DSP 需求方平台是互联网发展下产生的广告主或广告代理商服务平台，广告主通过本平台管理广告创意、设置广告活动、配置广告投放策略、完成广告投放。需求方平台实现购买广告的方式主要是通过程序化购买，程序化购买是与传统人力购买方式相对的广告购买方式，指通过数字平台代表广告主自动地执行广告媒体购买流程，主要依靠 DSP 得以实现。程序化购买在较大程度上是通过实时竞价（real time bidding，RTB）的方式来进行。

媒体方（供应方）服务平台指媒体方通过该平台完成广告资源的管理，如管理广告位、控制广告展示（版式）、查询广告位流量库存、广告位排期管理等。

大数据平台支持第三方数据接入，管理自身和第三方数据，为广告投放提供人群标签进行受众精准定向，建立用户画像，进行人群标签的管理以及再投放，整合管理各方数据且提供数据统计分析，输出各种数据报告，用来指导供需双方进行广告投放策略优化。

媒体管理云 SaaS 系统可以帮助媒体主管理广告资源、排期、合同、CRM、上刊下刊、渠道商管理等，广告易平台可以实时获取媒体的空刊资源和排期。获得这些资源后，广告易搭建了空刊资源交易平台，即广告交易平台。针对即将过期的空刊资源，广告主可以竞价，避免了广告主的高额广告投入和媒体资源空置浪费问题。对于还没有过期的媒体资源，广告易有一套智能报价系统，平台将有共同需求的广告主聚集在一起，报价系统智能报价，降低了媒体和广告主之间的沟通障碍。广告主资金托管到平台，平台获得现金流和资金沉淀。交易结束后，钱款自动打到媒体主账户。资金沉淀和数据交易做上下游广告供应链金融。接下来，广告易要做的是大数据智投，平台会建立一个自动学习的方案库，根据过去的机器学习，推荐投放方案。互联网线上线下数据结合形成扩媒体画像，比如要出售一款防晒霜，则根据当地气候、光照、通常经过的人流等因素合理选择投放媒体。对于广告主，则提供智能选择资源系统，也可以引入第三方服务支持，比如设计、制作、印刷、活动策划等。

2. PCP 程序化创意平台

PCP 程序化创意平台是通过程序化创意工具智能、批量制作和优化创意，并在程序化广告投放过程（一般为 RTB 模式）中进行动态创意优化的平台。可以实现从创意制作到投放优化整个过程的程序化。

（二）IA 智能创意广告在实践中的呈现形式

1. 微博、微信中的信息流广告

随着移动互联技术的发展，微博、微信等移动社交媒体成为当今社会人们社交的必要工具，越来越多的媒体和商家将产品在此进行宣传推广、拓展经营。微博是信息传播和信息分享的平台，随着移动端用户所占比重越来越高，其信息流广告的营收也提升得越来越显著。广告发起账号可以是个人，也可以是企业官方微博，推送图文视频、链接、App，强调受众参与度，包括评论、转发、点赞、投票等互动形式，从而扩大影响力，拓宽收入来源。在移动互联网时代，微博广告能够使企业与用户产生最大限度的关联。

2015 年初，微信朋友圈开始推出商业广告，首批推出的广告客户有可口可乐、VIVO智能手机等。目前微信朋友圈的广告和正常朋友圈信息一样，以静态图片或者短视频的形式出现，通过点开查看详情链接使手机页面跳转到广告初始界面，即可浏览广告信息；也可通过扫描二维码关注企业官方微信，更好地了解其产品信息动态。若是受众不想浏览广告信息，点击广告右上角的"不感兴趣"即可删除此条朋友圈广告。这样的设置大幅提高了受众接受信息的选择性。用户与广告的互动会在收到同样广告的好友朋友圈中有所显示，起到在好友圈内的共鸣和传播效果。

2. VR、AR 广告

VR 广告在传播媒介上利用虚拟构建技术，将体验者与真实世界隔离，让体验者沉浸于广告主所营造的虚拟环境中，并抓住消费者的猎奇心理，让其感到与传统广告迥异的新鲜感和刺激感，给体验者超乎现实世界的感受。例如，宝马利用 VR 技术开发了一款全景游戏视频，使用户在游戏体验中更好地享受驾驶乐趣；Dior 推出了自主品牌的 VR 设备 Dior Eyes，用户可以通过 VR 设备就像在现场一般直接欣赏到最新服装秀。VR 广告拥有足够的真实性，并且可以进行个人定制化，从而实现满足消费者需求的产品和服务展示。

增强现实（AR）广告更注重将虚拟情境叠加到现实情境中，通过实景增强形象生动地让消费者快速了解产品或服务的属性等信息，带给消费者更好的广告体验。例如，宜家利用 AR 技术将虚拟家具投射在客厅，让用户身临其境，增强用户购物前的真实体验；哈根达斯将 AR 技术应用于"等待两分钟，口感更好"的体验中，当用户使用手机扫描任意哈根达斯上的商标，就会出现一个虚拟的音乐家演奏两分钟。哈根达斯官方曾表示，冰激凌最佳的入口口感时间是两分钟，能使消费者获得更好的消费体验。

目前，VR、AR 广告基于其全沉浸式的特点，面临高额的开发成本以及用户小众化等问题。一些国产 VR 设备，如暴风魔镜、灵镜等推出市场，不过仍然需要借助手机的外部运算，对于体验有很大影响。但随着穿戴设备的普及以及 VR、AR 技术的提升，未来 VR、AR 广告将会更多地提供给消费者完全实时互动的全虚拟式情境。

3. 广告智能分发技术

由于互联网、数字技术、智能设备迅速发展，大数据已经开始成为社会发展的主题。广告相关的数据采集、投放通道和分析方法也发生巨大变化。尤其是近年来，大数据思维和技术的广泛应用提升了广告可见度，并能评估广告是否精确送达至目标群体。消费者的点击行为产生了相应的数据，在使用搜索引擎时，系统会自动将关键词记录下来。广告主要得到较好的广告效果，就需要对系统中的数据进行挖掘和分析。人工智能通过关键词了解消费者的喜好，对数据进行分析，从而了解消费者的身份和喜好，发现其隐藏的价值，掌握消费者的消费行为习惯，预测消费者的购买意图，让消费者在轻松的状态下接受产品信息，进而向其推送个性化广告。很多因素都会影响消费者的购买决定，人工智能分发的广告信息显得更加便捷与精准。例如，消费者在淘宝上购买某一物品，淘宝就会向其投放与这一物品相关的产品信息广告。随着时间的推移，人工智能能识别出消费者的喜好特征，帮助广告主提高对目标消费者的定位准确度。

广告投放商顺应时代的改变，抓住新的发展机遇，改变原本以产品为导向的传统营销模式，转变为以消费者为导向的精准营销模式，提升广告的投放精度与自身收益。目前，数据更新不及时、大量信息数据无效等情况，使得人工智能单凭关键词会大量推送给用户相似的广告信息，而消费者接受广告信息是被动的，不少人会对此类广告产生一定抵触情绪。所以人工智能分发的应用前景还有待优化。

四、IA 智能创意广告的特点

在现代快节奏生活中，大多数消费者不会在一则广告上浏览超过 5 秒，除非这个广告有非常吸引他的地方。新媒体环境下，人们有意识地搜索、获取信息，一般来说是在某个具体契机通过端口进行，再沿着该信息端口依次进行信息的深度搜索与获取。受众逐渐成为广告信息需求者、品牌信息的搜索者、需求信息的发出者。随着媒体种类的不断增加和竞争日趋激烈，对媒体的选择权完全掌握在消费者手中，广告主需要根据用户的喜好与需求，提供独特的用户体验以及个性化定制。目前广告市场已经开启一种全新的个人市场和精准的个人广告投放模式。当广告主获得大量消费者的场景数据之后，就能够跟踪、获取、记录并分析消费者生活中的每一个瞬间场景，根据这些数据挖掘出消费者的潜在需求，在消费者对其商品或服务感兴趣的瞬间将内容化广告推荐出来，通过更加精准的个性化内容去激发消费者的消费欲望和消费行为，使得潜在需求向着实际需求和实际消费转化。例如，今日头条审核通过的文章，它的智能推荐引擎会根据内容质量、内容特征、首发情况、互动情况、媒体的历史表现、媒体订阅情况，为文章找到感兴趣的读者并推荐给他们；淘宝网的广告内容正在通过个性化定制，形成需求—生产—销售全新的个性生产时代。

（一）广告主体的智能推荐

尼尔森是全球著名的市场调研公司，在 2019 年 4 月关于全球网民对各类广告信任程度进行了调查。艾瑞咨询根据调查得出结论：90%的被调查者对于熟人推荐的内容表示信任。内容口碑传播快，用户信赖度较高，在各类广告中，熟人推荐的信任程度位居第一。微信开始时主要服务于熟人之间的社交，用户关系更单纯。从用户使用微信功能分布情况来看，使用朋友圈的比例相当大，用户依托好友关系链、熟人之间的信任和熟悉，对朋友圈中熟人推荐的广告更加信任，这正是口碑营销的基础。物以类聚，人以群分，不同的圈子由不同的圈层文化组成，同一圈层人群所关心的内容大致类似，熟人推荐使得消费者和品牌之间的共鸣更加场景化、垂直化、多样化。而且在熟人关系下，熟人推荐广告可以让产品更受重视，同时可以让用户的心理门槛下降，对某一广告信息的互动在二次传播和口碑营销中有更大的影响力。

（二）广告渠道的分散及时化

随着网络信息时代的到来，在现代社会及市场环境中，信息变得更加透明和对称，市场碎片化趋势的出现，使得营销管理创新势在必行。消费者有着天生的好奇心，愿意尝试新鲜事物，追求个性，对品牌信息有着深度需求。而新媒体广告主体可以自然地对品牌信息进行整合，随时随地向正在信息搜索的消费者进行信息传播供给。因此，根据碎片化需求细分的服务固然是大势所趋，广告的投放也需具有分散性。

例如，大众点评是一个跨屏幕、跨场景、跨平台的本地生活广告产品，基于位置信息推送生活服务类广告，为消费者提供身边的吃喝玩乐信息和性价比较高的团购服务。大众点评突破了传统广告的束缚，实现了广告内容的场景化。使用时，通过消费者在搜索栏点击搜索的信息，追踪消费者行为，模拟并推测其需求，把广告信息转化成符合需求的内容，提前推送给消费者，及时提供有用的信息，从而满足消费者的潜在需求。

 ——————————————— 课后思考

从今日头条的智能推送广告再到阿里巴巴的智能文案，广告的智能程度越来越高，智能广告成为广告业的风口。但是由于智能广告发展时间较短，相关的研究还处于起步阶段，智能广告的含义、边界等都没有具体的定论，理论基础十分薄弱。本章从 IA 智能创意广告的含义、发展背景、运作流程、表现形式和发展趋势进行探析，弥补智能广告的理论研究空白。现阶段的智能广告实质上是 IA 智能创意广告，IA 智能创意广告是智能广告的初级阶段。同时提出，IA 智能创意广告不再是一种单一的广告形态，而是得益于互联网和第四次工业革命的发展，依托大数据和智能化技术的一种智能化广告运作的动态过程。

请分析智能创意广告未来的发展趋势。

第六章　E世代场景：B站UP主策略

　　bilibili 是一个与 ACG〔animation（动画）、comic（漫画）、game（游戏）〕相关的弹幕视频分享网站，简称 B 站，网站的主要内容是动漫与游戏。UP 主是 bilibili 弹幕视频网站中除了官方以外最重要的视频上传者。UP 主会在自己的视频中"打广告"，为三次元（现实世界）、二次元（虚拟世界）、微信、微博、淘宝网店等宣传。宣传形式多样化，宣传性质可分为自发性宣传和被动性宣传。

一、B 站的由来

　　B 站是 ACG 爱好者因难以忍受国外弹幕网站网络不稳定和广告等因素而建立起来的网站。网站的主要内容是动画、漫画、游戏与小说，也就是 animation、comic、game、novel，即 ACGN。B 站最初只是为了满足 ACG 文化的爱好者们的共同兴趣爱好，但是现在 B 站从属于上海东方传媒集团，已经逐渐成为一个轻商业化的视频网站。该网站最大的特点是悬浮于视频上方的实时评论功能，B 站是中国最早一批提供这种功能的网站。

　　UP 的全名是 upload，意思是上传，最初是从日本传到中国的词语，经常在视频网站上使用。UP 主是 bilibili 弹幕视频网站中除了官方以外最重要的视频上传者。UP 主是指在 B 站上传并发布视频或者音频的人。只要是上传并发布了视频的人都可以称作 UP 主。

二、UP 主与三次元

　　UP 主为三次元做宣传的案例有很多，宣传的内容涵盖广泛，比如某款手机的评测视频。如 B 站 UP 主努力的 lorre 曾上传魅族 Pro7 主观评价的视频，在视频中，他主要对魅族 Pro7 进行了各方各面的评价，分享了他在使用后的感受。还有对某款食物的评测（试吃）视频，如 B 站 UP 主明 3 曾上传试吃康师傅新款泡面的视频。还有对某款电脑的评测视频，如 UP 主 lcyrockton 曾上传三星 CHG90 49 寸电竞游戏屏幕评测的视频。另外，还有搬运类的视频，搬运类视频指的是 UP 主不自己生产视频，而是经过授权后，将其他网站上的他人制作的视频搬运到 B 站，比如 UP 主一口又又 ASMR。一般搬运类 UP 主也是原视频作者的粉丝，出于分享心理，希望能让自己喜欢的东西能被更多人喜欢。于是他们会自发性地搬运此类视频。但是这其中还有特例，他们是另类的搬运 UP 主，即专为某人服务的直播录制员，比如 UP 主王师傅直播录制员。这类 UP 主与之前的搬运类 UP 主不同的地方在于，前者是完整地搬运原视频，很少会对视频本身内容进行修改，而后者则是对某人的直播进行录制,后期还要自己剪辑二次创作。以上例子属于 UP 主自发性地为这些产品做宣传,他们一般无法从中获得实质性的利益,但是他们能收获更多的粉丝,而粉丝就是 UP 主的资源。

除了这些 UP 主自发性的宣传三次元的视频之外,还有些 UP 主会在自己的视频内容中穿插着宣传某物,这时的宣传则往往是被动性的。UP 主与被宣传的对象达成协议,UP 主为产品宣传,产品方则向 UP 主提供利益。

三、UP 主与二次元

B 站的主要内容是动漫与游戏,虽然现在 B 站的规模越变越大,涉猎的领域越来越广泛,但其主要内容仍未改变。所以,B 站 UP 主们对有关二次元的广告宣传效果更好,范围更广,影响更深。

1. 主机游戏

以 UP 主游戏机实用技术视频为例。游戏机实用技术视频经常会上传最新的主机游戏资讯视频,多以转载其他网站的视频为主,其中有的视频里还会包括主机游戏的宣传视频。除了这种预告片形式的宣传以外,还有 UP 主会制作某款主机游戏的攻略视频来宣传游戏本身,此类情况一般是 UP 主自发性地宣传游戏,而且其本质目的也并非宣传游戏,而是想与观众分享自己的游戏经验,以达到满足观众的目的。如 UP 主"黑桐谷歌",他经常会制作当前最热门游戏的相关攻略视频,这类视频本身就可以向观众们展示游戏的魅力,进而吸引有兴趣有能力的观众购买该游戏。

2. 网络游戏

说到网络游戏,就不得不提到一款名叫《创世战车》的网络游戏。这款游戏曾经请了很多知名 UP 主集中在一段时间为其打广告、做宣传视频。这里所指的宣传视频与上文中提到的关于主机游戏的视频宣传方式不同,这类游戏的宣传视频多是 UP 主以第一人称的视角来给观众们展现游戏的内容与魅力,进而达到宣传游戏的目的,游戏厂商会向这些 UP 主提供利益来作为交换。如《创世战车》游戏刚刚发布时,在短短三天的时间里,超过 20 位知名 UP 主上传了《创世战车》的宣传视频。

之后,《创世战车》这款游戏更是引发了热潮,许多 UP 主纷纷加入广告大军中,也上传了《创世战车》的宣传视频。这个案例是 B 站 UP 主为网络游戏做视频广告的经典案例。

3. 手机游戏

在手机游戏宣传方面,也是以 UP 主上传手游试玩的宣传视频为主,这类视频的风格以诙谐幽默、搞怪、不走寻常路为主,因此手机游戏的广告视频也能让人看得津津有味。

4. PC 端游戏

在 PC 端游戏的宣传方面,一般是 UP 主自发性地制作并上传。这些 UP 主大多是这些游戏的忠实粉丝,所以 UP 主会想要分享自己的游戏体验与游戏心得,这些视频也无疑会拉动更多观众加入这一游戏。

5. 动漫类

动漫是动画与漫画的合称，众所周知，B站的动漫资源雄厚。因此，UP主们关于动漫的宣传视频数不胜数。

（1）动画。动画与普通意义上的动画片不同，它是一门综合的艺术形式，是一种汇集绘画、漫画、电影、数字媒体、摄影、音乐、文学等众多艺术门类于一体的艺术表现形式。B站的动画宣传的主体大致分为两类，一类是动画番剧，另一类是动画电影。

①动画番剧。UP主宣传动画番剧的形式大致分为三种。第一种是安利向，选定某一主题，从自己看过的动画中挑选出这一主题里较优秀的几部，在视频中推荐给观众。第二种是吐槽向，选定某部动画，挖掘出其中的槽点，比起前面推荐去看的安利，这里更像是身先士卒的"踩雷"，当然也有的观众出于对制作者UP主的喜爱，或者是口味独特，对UP主吐槽的动画反而兴趣十足。第三种是剪辑向，选定某一主题，搜罗各种动画素材，通过二次剪辑，用镜头语言述说一个新的故事，这种方式穿插了大量不同动画的优秀镜头，因此往往能吸引不少观众为了某一个镜头而去看这部动画，而优秀的剪辑作品由于其大量的观众人数和超高的人气，因此出现在剪辑镜头中的动画作品也往往能够获得不少人气。

②动画电影。另一类宣传主体就是最近炙手可热的动画电影，动画电影是指以动画形式制作的大型电影。通常所说的动画电影包括畅销TV动画的原创剧场版和原创动画录影带（original video animation，简称OVA）。但是真正意义上的动画电影与这两者不同，因为动画电影的故事并不是从TV动画中取材。

当今动画电影大国是美国和日本，但是美国与日本的动画风格不同。美国动画以用数字化的电脑制作为主，号称"美国没有'动画绘制人'"，其特点是夸大的人物动作与形象，而且是快节奏的表现风格。日本动画以用赛璐珞片和喷笔绘制为主，特点是唯美的人物形象与颇具内涵的人物对白及故事剧情，而且定格画面较多，节奏偏慢。

（2）漫画。漫画是一种艺术形式，是用简单而夸张的手法来描绘生活或时事的图画。通过运用暗示、影射、象征、变形、比拟的方法来构成幽默诙谐且具有讽刺或歌颂某些人和事的功能的画面或画面组合，具有较强的社会性。但是，漫画里也有纯为娱乐的作品，有较强的娱乐性，娱乐性质的作品往往存在搞笑的人物形象。

B站同样有这样的UP主，他们一般是漫画的狂热爱好者，因此他们会选择制作与漫画相关的视频，视频的形式多数是通过对原漫画分镜、再编辑，辅以口述的方式向观众展示原漫画的情节。除此之外，有些UP主还会选择制作视频，即通过对某一系列的多部漫画分镜进行剪辑，制作以某一人物或者某一主题为中心的视频。无论哪种形式，UP主都力求将原漫画的魅力挖掘到极限，并将其展示给观众。观众会接收到原漫画的魅力并被其感染，最终发展为原漫画的粉丝。这就是B站UP主对漫画的宣传广告。

四、UP 主与自媒体

自媒体又称公民媒体或个人媒体，是指私人化、平民化、普泛化、自主化的传播者，以现代化、电子化的手段，向不特定的大多数或者特定的单个人传递规范性及非规范性信息的新媒体的总称。自媒体平台包括博客、微博、微信、百度官方贴吧、论坛、BBS 等网络社区。其中，UP 主最常使用的自媒体平台就是微博与微信。

UP 主为微博与微信打广告最常见的方式是在视频的开始或者结尾加上片头广告或者片尾广告。如 UP 主 Lex 在视频的开始都会把自己微博账户的图片放在开头，甚至有时在视频的结尾还会再次把微博的图片放出。另外，有些 UP 主则不只是宣传自己的微博和微信公众号，还会选择宣传与自己视频内容相关的商品，这样会更容易获得观众的认可。

五、UP 主与淘宝店铺

除了为别人或者别物做广告外，一些 UP 主还会为经营的淘宝店铺做广告。此时的广告通常是附在其视频内容的结尾处，宣传形式也以口头宣传为主，也会通过展示淘宝店铺的二维码、店铺名字和店铺网址等较简单的方式。

一些比较"用心"的 UP 主还会选择特意制作短小的广告短片附在其视频里，以达到最佳的宣传效果。广告大多短小，时间不会超过 5 分钟，但是有的 UP 主则会在视频里加入大量的广告元素与淘宝店的宣传内容。

B 站 UP 主对淘宝店铺的广告宣传方式颇多，有的 UP 主还会特意制作一期专门宣传淘宝店铺的视频，全程都在为观众展示淘宝店铺里的商品。也有的 UP 主会以一款与其制作的视频主题息息相关的游戏为媒介，制作一段广告片，在视频的最后再打出宣传其淘宝店铺的广告。

 ————————————————————————— 课后习题

B 站 UP 主如何策划广告宣传，为淘宝店铺引流？

第七章　精准时尚：大数据下的广告精准投放

　　数字化时代的到来，让信息流呈现蓬勃生长的态势。大数据的开发和应用，让广告的精准投放有了新的可能。本章主要采取文献参考法，研究信息流广告的未来发展之路。从大数据的定义、特征入手，结合信息流广告精准化的可能性，从利用大数据完善用户画像、预判消费情境、多样定向方式、实时监测广告等方面，分析信息流广告精准化的可能性，并结合数据资源、隐私保护、多维互动、广告创意、社会营销以及个性定制等解读信息流广告的未来发展方向。

　　随着互联网的高速发展，大规模收集和分享数据的时代已经来临，逐渐出现了持有海量数据资源的平台。在大数据背景下，互联网广告打破了传统传播的模式，朝着精准化的方向发展。同时，移动端的井喷式发展扩大了互联网用户的基数，使信息生产的范围扩大到全社会，每个个体都拥有自主生产信息的可能性，信息的生产与接收进入动态的信息流中。这种信息的生产方式改变了以往为用户生产信息的方式，转为用户主动生产信息的模式，信息流广告也由此产生，并依托大数据不断实现广告投放的精准化，成为未来广告发展的新方向。

一、从"数据"到"大数据"

　　要了解"大数据"，首先要明确什么是"数据"。《大数据经济学》将数据定义为对信息的数字化结构，即用约定俗成的字符，对客观事物的数量、属性、位置及其相互关系进行抽象表示，以适合在相关领域中用人工或自然的方式进行保存、传递和处理。

　　"数据"是信息的载体和外在表现，有人将"大数据"理解为海量的数据资源和多样的数据集，也有人认为"大数据"应该理解为整合的信息搜集和数据处理技术。"大数据"的定义至今仍然没有明确。对于大数据，研究机构 Gartner 给出了这样的定义："大数据"需要用新处理模式，才能具有更强的决策力、洞察发现力和流程优化能力，去处理海量、高增长率和多样化的信息资产。在《大数据时代》一书中，舍恩伯格认为大数据不是随机样本，而是全体数据；不是精准性，而是混杂性；不是因果关系，而是相关关系。

　　通常用 4V 来概括大数据的特征。Volume 即庞大的数据体量；Variety 即多样的数据类型，既包括数据来源于不同渠道，也包括数据以图片、音乐、视频、文字等方式存在的数据形式；Value 即低密度价值，数据库中存储了大量的数据，而其中真正具有价值的信息体量很小；Velocit 即处理的速度快，数据总量变大，对处理数据的效率要求也要变高。

早在 1980 年，托夫勒在《第三次浪潮》中将"大数据"称作"第三次浪潮的华彩乐章"。麦肯锡公司也在 2011 年的大数据报告中指出：大数据将成为全世界下一个创新、竞争和生产率提高的前沿。在数字空间里，人们在互联网上搜集、分享信息，同时也被数据库记录下自己的搜集记录。大数据对用户留下的记录进行统计，分析用户行为习惯和预判未来动作，并根据用户的媒介使用情况和频次，选择最佳的广告投放渠道，呈现与个人最近浏览内容高度相关的广告内容。大数据时代已经来临，基于大数据算法下的信息流广告也将脱胎换骨，朝着精准化的方向发展。

二、互联网精准广告的发展——信息流广告

1. 信息流广告定义

信息流广告又名 Feeds 广告，指在社交媒体用户好友动态，或者资讯媒体和视听媒体内容流中投放的广告，也称为社交媒体广告。信息流广告通过移动互联网的大数据算法，依靠智能技术分析用户在网络上的一系列行为和兴趣标签，将用户兴趣标签和广告进行匹配并且主动推送到用户移动端。把社交媒体上的信息展现形式称为信息流，主要是因为社交媒体平台上的信息展现相较于平面媒体具有"一览无余"的铺陈特点。信息流广告按照一定的规格样式进行上下排布，像瀑布一样流淌。从展示与排序上看，有三种方式：按照时间顺序、按照热度排序、按照算法排序。

信息流广告最早于 2006 年出现在社交媒体 Facebook 上，随后 Twitter、Instagram 以及国内的 QQ 空间、微博、微信等社交媒体也陆续推出信息流广告，国内信息流广告开始产生并迎来爆发。

信息流广告的最大特点是个性化内容，借助庞大的数据库和信息流体系，针对不同用户的兴趣特征、搜索热点进行后台分析，制作个人专属的广告内容。

与传统互联网广告相比，信息流广告更为精准，关键在于信息流广告背后拥有大数据支持。在传统模式中，广告主往往难以精准定位目标消费群，无法了解目标消费群的媒介使用情况与广告接触情况，网络广告的投放是以媒介为主要的参照物，广告商会尽可能地选择大流量、高曝光度的网络平台进行投放，多数时候存在着投入过高而收效甚微的风险；同时，大量消费者也难以向广告主反馈产品或品牌的问题，网络广告的传播是一个单极传播的生态。信息流广告则是以消费者为主导，结合用户数据行为，将广告内容与媒介环境融为一体。通过优化用户体验，缓解因广告产生的消极情绪，并且刺激用户主动浏览广告内容，甚至转发分享给好友，形成二次传播。

2. 信息流精准化的可能性

首先，应当明确信息流精准化的标准，即何为精准化。互联网广告的精准化一般体现在三个方面：一是用户精准，广告所定位的目标用户是产品或品牌的目标消费者和潜在消费者；二是内容精准，广告首先要对用户产生足够的视觉吸引，其次要在广告中展示用户想要看到的内容；三是投放精准，不同产品或品牌的消费人群各有特征，应当根据消费人

群主要接触的媒介、媒介接触行为、媒介接触时段有的放矢地进行广告投放。同时，广告出现的频次、刷新出现的情况、广告位也在纳入精准投放的考虑范围内。

基于以上对于"精准化"标准的分析，可以总结出信息流广告实现精准化存在的两大可能性：

（1）碎片化。碎片化包含受众碎片化和信息碎片化两重含义。一方面，经济社会的持续发展使社会阶层的不断分化，在各阶层的内部，由于个体在社会中的地位和利益的要求不同，又被划分为多个不同的群体，并在消费领域也逐渐出现这种趋势。消费者选择范围不断扩大，生活方式以及思维方式呈现多样化的趋势，即使年龄、教育、收入情况基本相同，因为个体需求和认知的差异性，也会导致群体逐渐分化，呈现受众的"碎片化"。而信息流广告可以追踪兴趣词条和热频搜索记录，精准捕捉个人需求和意图，再将用户感兴趣的相关内容推荐到首页。信息流广告改变了集中"轰炸式"的广告形式，而是建立在实证采集的数据基础上，精准把握每一个细分的个性化人群的特征，以及每一位单一消费者的个性和心理需求，让每一位用户都能获得"独家"广告内容。

另一方面，移动端的发展呈现燎原之势，人们频繁接触移动端（如手机），接收的信息也逐渐变得碎片化。而信息流广告就主要集中在各种移动端场景里，碎片化的信息适合各个阶层的人群，短小精悍的广告内容十分有利于用户在闲暇时间内进行碎片化阅读，并随时随地对他们进行持续的广告输出。

（2）易混淆。信息流广告常与用户的搜索、浏览内容混排在一起，属于原生广告的一种形式，形似社交好友发布的动态或者自行搜索出的内容，形式上与广告最不相似。非常容易将广告与资讯内容混淆，减少用户的广告回避行为。广告回避是指用户在意识到自己正在接收广告信息的时候，会自动忽略广告或者不把注意力放在广告上。但原生形式赋予了信息流广告极佳的隐蔽性，广告镶嵌在内容之中，并随着界面的刷新更换不同的广告，大幅降低了用户在浏览内容时的障碍，减少用户对广告的反感。

信息流通过明确标注广告的形式让用户知道自己正在接收广告，引起用户对某些内容的兴趣，可以自主选择是否进入广告页面查看，也可将广告分享给自己的社交首页以及社交好友。不仅提高了广告的点击率和到达率，更方便了广告主了解目标和潜在消费群的决策侧重点，有利于产品或品牌的精准定位，并精准制作广告内容。

三、大数据为信息流广告精准化赋能

1. 用户画像完善

用户画像可以理解为海量数据加上标签，根据用户的目标、行为和观点的差异，将他们分为不同的类型，从每种类型中选出典型特征，赋予名字、状态等描述，形成了一个人物原型。而标签的形成正是基于大数据的采集，一旦用户登录某网络平台，并且该平台有独立后台系统支撑，系统就能根据消费者的网络足迹捕捉到用户性格特点、年龄阶段、学历水平、消费偏好以及生活方式等特征，并且用电子化的方式将用户属性抽象出来，进行

数字化的聚合和勾勒。大数据背景下，数据收集平台可以在公开渠道取得更多全体数据，通过全样本的采集，可以更加深入地了解到用户更为复杂多元的特征，完善用户画像。

2. 消费情境判断

大数据除了能够完善消费者画像，还能够对消费情境进行判断。消费情境是指除了个人和产品特性之外，消费者在消费或者购买活动发生时个体所处的周围环境、消费动机等。当消费者进行消费决策时，大数据通过消费者在页面的停留时间以及刷新浏览，实时分析他们的消费偏好和兴趣程度，推测出他们的购买欲望是否强烈，处于购买中的哪一个阶段，对什么样的产品会产生兴趣，并结合以往的购买记录对消费者进行相关广告推送。再如社交软件应用程序可以预测用户的人际脉络情况，判断消费群体或根据其社交平台的情绪表达进行广告信息的推送。

3. 定向方式多样

大数据的定向方式是多种多样的，大致分为以下四种：一是地域定向，地域定向主要采用了LBS（基于位置服务）定向的方式，大数据根据个人行踪进行即时地理位置定位，并能够根据用户所在区域，按国家、省、市、区，甚至是商圈等不同地域精度进行广告投放。二是人口属性定向，人口属性包含性别、年龄、婚恋情况等方面。比如，基于用户最近五个月的社交轨迹可以反映出用户的婚恋状态，包括单身、热恋、新婚、已婚、育儿等阶段。三是兴趣定向，通过整合用户行为路径的大数据，对每一位用户进行分析定义，并加上对应的兴趣标签。

以护肤品类的广告主为例，选择"收缩毛孔""去黑头"等标签作为定向条件，广告将精准抵达对"收缩毛孔"和"去黑头"关键词敏感度高的消费者，即存在毛孔粗大或者黑头困扰问题的人群。四是网络环境定向，用户的联网环境也是大数据推送广告的重要参考标准。当用户连接上公共型网络（如快餐店、办公室的网络）时，浏览页推荐的广告产品往往是低私密性的，而当连接上私人型网络（如家庭网络）的时候，所推荐的广告产品会相对更加私人化。而在WiFi环境下，系统会推荐视频、H5等流量耗费大的广告，而在数据流量环境下，大数据可以自动监测到用户的网络环境，推荐以图片、文字为主的流量耗费小的广告。此外，针对操作不同系统（如IOS、Android等）的用户，大数据也会对他们进行分类，推送不同的内容。

4. 广告实时监测

传统的广告把消费者看作静态的，即消费者的欲求和动机是一成不变的。传统的广告检测和评估方式是静态和间断的。然而事实上，消费者的购买欲和动机是动态的。大数据能够追踪用户的网络行踪，察觉到消费者想法的变换，并不断调整广告内容以满足消费者不断变化的需求。在大数据背景下，消费者的行为、心理都可以数字化并被精准捕捉。

广告效果的监测一直以来就是难题，有很大一部分的广告效果是无法被监测到的。广告的曝光量数值只体现了一则广告被用户通过关键词搜索展示在结果页面中的次数，高曝光量背后的原因是复杂的，有可能是搜索引擎或网络平台本身自带的大流量属性，然而用户本身并没有对这则广告产生记忆点。同样的，通过广告的点击率也很难说明用户对于产品或者广告产生了认知和潜在的兴趣。而大数据可以在网络广告发布之后，通过从目标对象那里得到的跟踪数据来统计测量个体使用者对广告的实际卷入程度。除此之外，广告以往的评估大都是采用仪器评定，时间成本耗费量巨大且时效性差。但是大数据可以通过实时监测反映广告在投放前、投放中以及投放后的任一时段的传播效果，广告主和广告商可以随时掌握广告的投放动态，调整广告的传播策略。利用大数据不仅能够提高广告监测的速度，还能够提高广告监测的精度，减少传统网络广告评估中的不确定性。

四、"大数据+信息流广告"未来发展策略

1. 加强用户隐私保护

基于大数据的信息流广告为广告主降低了广告成本，提高了广告传播效果，同时也为消费者节省了时间，带来了诸多的便利，但是信息流广告的本质是定向投放的，为了精准到达目标用户的视野，就必须挖掘更加丰富的用户信息，用户的信息越多，意味着广告投放的精准性更高。为了实现信息流广告的精准化，就容易出现侵犯用户隐私的问题。国家和有关网络监管部门已强化对于公民隐私的保护，细化网络数据盗窃的法律条例，监管互联网行业在数据信息使用行为上的流程，规范行业行为。信息流广告应在避免侵犯公众私密信息的情况下，进行精准定位。用户也要提高对个人隐私的保护意识，定期清理网络浏览痕迹，不要在网络上传私密信息，也不要随意授权网络平台获取自己的关键信息。同时各大网络平台以及App的技术人员也要加强职业道德修养，注重保护和尊重用户的隐私，必须获取用户隐私的时候要明确告知用户信息的采集目的、利用途径，在不逼迫用户勾选强制性条约下，取得用户的同意。广告的隐私侵犯随着网络空间的透明化日益凸显，问题的解决必须依赖法律政策的约束、从业人员素质的提高以及作为消费者的个体警觉。

2. 整合多平台数据资源

首先，多平台的数据资源整合有利于提高消费效率，节省消费时间。目前对大数据的搜集和利用大都处于分散状态，未来可以通过多平台合作共赢加强数据信息的流通，按照一定的基准对信息资源进行组织和分类，实现平台间的互惠互利，相互渗透，最终达到对数据的物尽其用。例如，当用户对某一类产品产生了解和购买兴趣，并在社交平台搜索相关词条的时候，社交平台的后台系统生成了搜索记录，自动捕获用户意图，再将数据资源共享给购物网站。这样，当用户打开购物网站的时候就能够看到这一类产品的相关广告推荐。其次，数据资源的整合还能进一步完善消费者的画像，通过智能跨越系统、跨越平台整合数据资源，进行多屏数据共享可以判断和预估消费者的消费产生原因、消费决策关键、消费趋势。各数据库的信息交流能够使大数据了解消费者在制定一次消费决策中的所有接触行为和心理因素，对该用户的决策过程进行数据模拟作为参考，让用户的标签生成更加的专业化、科学化。最后，数据的整合可以将动态的、实时更新的、跟每个用户行为紧密相关的数据串联起来，反馈到每个网站的端口，沉淀精准数据，并利用数据信息流为消费者创造更多贴合需求、人性化的、更有价值的广告推服务，也为广告主和平台合作商

创造更多的价值。

3. 深化多维互动模式

当前的信息流广告在表现形式上多以文字、图片、视频等二维形式出现，与消费者的互动模式也仅存于点赞、转发、分享之中。随着科学技术的发展，信息流广告应当结合人工智能科技，深化移动交互式体验。通过 AR、VR 等技术，实现广告从二维到三维的改变，拓宽广告的发展空间，提高广告的视觉享受，为消费者营造一个更良好的信息接触和购买决策的氛围，增强消费者的认知效果和认知记忆。目前，有不少移动第三方利用专有的移动广告创意设计团队，利用移动智能设计出来更多广告。例如 Mobvista 已成立了专门针对数字广告投放的创意实验室，针对各类广告开发新的广告展现形式，包括 playable、Interactive Endcard、AR 与 VR、全景等，再结合前沿的算法框架，通过 AI 技术的广告创新化体系，进行交互素材的制作，给用户带来不一样的感受。广告还应当以消费者为导向，加强与他们的沟通互动，将单向的广告推送变成双向的广告互动，让消费者从被动接受者变成主动参与者，亲身加入广告故事与活动中，以便获取更多有关产品和服务的信息，增强对广告的好感，为广告主营造良好的口碑和大众基础。

4. 优化广告内容创意

网络广告的发展经历了从传统媒体的时代到大数据时代的阶段，但无论广告生产传播的环境如何改变，广告都必须在创意上下足功夫，因为广告创意是广告的核心部分，是广告策略的表达。诚然，信息流广告依赖于数据和算法，但并不能改变它属于创意产业的行业属性，因为广告本身不是一串毫无温度的数据，而是一种说服的商业艺术，它既离不开技术人员数据支持，也离不开创意人员的思维创造。流量时代，内容为王，好的广告创意是有效促成消费者的购买行为的重要因素。只注重广告内容在机械上的精准却忽视广告创意力量，终究难以实现广告的效果最大化。

20 世纪 60 年代，广告大师威廉·伯恩巴克提出了 ROI 理论，认为优秀的广告应该符合关联性（relevance）、原创性（originality）、震撼性（impact）三个特征，这个理论放在现代网络广告的生态系统中依然准确。放眼未来，信息流广告的发展一方面应当依赖于大数据精准算法的发展弥补自身存在的不足；另一方面，广告从业人员也应当提高广告审美，利用趣味手法、新颖形式不断优化广告创意，持续打造高质量的广告成品，最终实现信息流广告向精准广告的完美转型。

5. 立足社会化营销

社会化营销（social media marketing，简称 SMM），是指利用社会化网络、在线社区、博客、百科或者其他互利网协作媒体来进行行销、销售、公共关系和客户维护开拓等的一种方式，是一种通过在社会化平台上受众的自动参与互动来建立一种长久关系的广告营销模式。如果说传统传播是基于媒体的传播，那么社会化营销就是基于人的传播，并且社会化营销已日益成为接触核心消费者的高效途径之一。以微博、微信、QQ 等社交媒体为例，用户既可以是广告信息的受传者，也可以是广告信息的传播者，通过"后院式"的社交平台对自己的社交好友进行再分享。由于个体用户与自己社交圈内的群体用户具有高度相似性，在社交平台上分享和转发的广告，往往更具有精准投放的潜质。当广告被个人二次传播的时候，借助社会化媒体的社群效应能够迅速切入广告的目标人群，层层渗透，并随着人际关系网络的横向蔓延扩大广告的曝光度。自媒体的存在赋予用户传播内容的主动性，用户在分享信息的同时形成天然的广告传播组织，不仅有效降低了广告投放的成本，还能精准定位消费者人群，打通广告主与消费者的联系渠道。

6. 个性化定制

精准广告时代的到来，意味着广告不仅要分类投放满足不同受众的需求，更要实现个性化定制。面对海量的数据，要对噪声数据和不一致的数据进行清洁，或是对重复的、无效的信息进行删除，在缺失的数据上进行补充，提取有效信息进行精准投放。用户在网络上搜索了什么样的关键词、收藏了什么信息、浏览了什么内容、产生了什么样的决策行为，所有的蛛丝马迹都将作用于给用户进行细致化的标签界定，建立个性化匿名档案。

以淘宝购物网站为例，每一位用户进入淘宝界面的时候看到的产品推荐都不尽相同，即使是购买过同样产品的用户看到的广告也是千差万别。广告推荐还会根据用户个人的购买偏好形成多样的购买组合推荐。如今，每一位消费者都希望拥有自己的独立标签和专属定制，都希望自己是独一无二的。这就要求大数据针对消费者进行综合性的分析，基于用户的特点量身定做广告，把握并满足消费者差异化的心理。

 课后思考

大数据为信息流广告的提升提供了良好的机遇。借助大数据，广告商可以掌握消费者的行为习惯、兴趣爱好、生活方式等信息，深入分析消费行为和消费情境，满足消费者的需求，切实为广告商带来了便利。但是，大数据也为信息流广告的发展带来了不小的挑战。广告商需要明白，信息流广告虽然借助大数据对广告进行内容制作投放、效果检测评估等一系列活动，并利用这些数据信息对消费者的购买行为产生了刺激、诱导、说服效果，获得了实际的经济利益。但是从长远的角度来看，经济效果的推动和忠实客户的培养还主要依靠产品和品牌的信誉、口碑、质量的积累。一个品牌和企业只想通过狂轰滥炸的广告和铺天盖地的商业信息来获取知名度，榨取商业利润，而缺乏在产品和服务上的质量改善只会让信息接收者和消费者带来厌烦，加剧消极评价的传播。想要获得长足发展，通过短期的信息流流量变现带来的一些商业利润是微不足道的，所以品牌和企业更应该思考如何以此为契机，切实构建起品牌与消费者之间的长期亲密关系，打造用户的终身价值。

此外，尽管大数据已经达到了人工无法媲美的精度和速度，但是大数据也并不是十全十美的，它本身基于算法，而算法的背后只有数字化的机械式考量，缺乏了人性化的设计。任何广告构思、生产的初衷都是希望能够打动消费者，在消费者的心理留下深刻的印记，从而说服他们购买。所以广告行业的从业人员应当借助大数据更加理解消费者，走进消费者的内心，聆听消费者真实的诉求和建议，而并非将一切选择、创意、生产和决策的权力都交给大数据，交给机器。

在机遇和挑战并存的新时期，广告从业者应当乘着大数据的东风，通过保护个人隐私、深化数据共享、拓宽多维互动、激发广告创意、加强个性定制以及利用社会化营销的方式扬长避短，让信息流广告朝着纵深化的方向发展，并且切实以消费者为中心，在做好创意内容生产的基础上实现信息流广告的精准化转型。

 ——————————————————————— 课后习题

请简要介绍用大数据精准定位广告的推广方式。

第八章　时尚符号：时尚的符号化传播

时尚文化在社会生活中发挥的作用越来越显著，日益受到不同学科、不同理论派别学者的广泛关注，对时尚文化的研究也逐渐从学术研究的边缘进入中心。时尚文化的符号学价值，在于了解时尚的文化心理机制，反映时尚、制造时尚、传播时尚。

一、时尚符号概念

1. 时尚与时尚传播

现代人的活动越来越充满时尚的味道，越来越多的时装秀和时尚杂志，昭示着时尚无处不在。传统的时尚曾一度被认为是女性的特权，专指新颖和引领潮流的服装。如今的时尚指向了所有的消费人群。广义的时尚涵盖范围比较宽泛，既可以指体现流行特征的物品，也可以指流行的风尚、方式、态度和理念等心理体验。狭义的时尚意义更加具体，特指"时装"和与之相关的饰品（配饰、香水等），即体现受众衣着特征和品位的物品，本章主要探讨狭义的时尚。因时装的产品特性更明显，因此狭义的时尚商业意义更突出，从而产生了时尚传播。

品牌传播在建立品牌认知、丰富品牌联想等方面发挥着重要作用。时尚品牌所追求的理念、风格等体现品牌内涵的要素，通过广告而被目标受众所知晓。当广告具有亲和力，与受众的心理与情感诉求同步，与其社会地位匹配时，品牌极易被目标受众所接纳。通常时尚品牌的广告内容最重要的是明确突出品牌的核心价值，无论是通过直达人心的画面，还是通过生动感人的故事情节引起消费者的共鸣，视觉说服是第一要素。

2. 符号与符号传播

（1）符号的定义。符号是携带意义的标记。这个定义看起来简单清楚，实际上说的是符号与意义既密切联系，又相互区别。

在现实世界中，符号的形态有很多，如气味、颜色、声音、动作甚至物体，只要能够指代特定事物或表述特定意义，都属于符号。没有符号，便感知不到事物的存在，也不可能认识和理解它们。所以说，符号在生活中是非常重要的。

（2）网络符号传播。在互联网上，经常可以看到一些让人耳目一新的符号。从广义上说，网络符号是指网络媒体所使用的符号，我国网络符号的基本词汇与语法结构形式仍然是现代汉语。狭义上的网络符号指的是网民们所创造的一些特殊信息符号。除了语言与文字的初创阶段，没有任何一个时代创制的符号相似性像网络符号那样得到鲜明、充分的展现，原因是网络符号的创制出现在视觉时代。

二、广告符号学理论

广告作为信息传播方式之一，有自己独特的文本结构和表意规律。在广告文化研究视角里，广告是赋予商品意义的工具。广告学要构建属于广告独有的学理体系，必须立足于广告自身。因此，广告符号学是构建广告理论体系的最根本途径。推进广告的符号结构和表意机制研究，可为其他研究理论提供基础，全面推进广告学发展。广告传播的过程，就是消费者和商家沟通，达成共识的过程。商品的符号意义是广大消费者通过消费行为投票达成的共识。

1. 符号学理论

符号学的研究基础是解码符号和对象系统介绍。追溯历史在皮尔士理论标志类型中，最杰出的为"图标，索引，符号"类型学。这一理论对分析广告非常有效。根据索绪尔的符号学的二元对立概念，符号是由"能指"（符号的形式）和"所指"（符号的概念）组成的。在这个二元模型中，能指和所指被称为"意义"。这两个术语之间的联系总是任意的，极有可能产生各种各样的多种符号。在许多情况下，一个已经形成的旧的符号系统很有可能与新的象征意义结合起来，重新组成一种新的意义。

而现在时尚的影响远远超出了它在人们生活中纯粹的功能作用。在这一过程中，时尚发挥着越来越重要的作用。每一个吸引公众注意力的媒体事件都有同样的特点，都是一个在现实中发生的"时尚神话"。因此，时尚神话的实现就在于是否不断地创造新的能指，并将它们引向一个明确的、非传统的含义，使产品具有新的意义。

2. 符号修辞

修辞学是研究加强文本说服力的学问，时尚则以说服消费者为目标，所以修辞是提高说服力的主要手段。在高速发展的消费社会，商品大量生产，供大于求，而且商品同质化严重，导致那些直接陈述商品信息而不使用修辞技巧的广告效果越来越差，而那些充分使用修辞技巧的广告才会有效果。

当前，广告修辞研究大多是从语言修辞学的角度，归纳出双关、比喻、夸张等修辞手法。但广告是对媒介文本，修辞不仅发生在广告语言上，图像等符号也参与修辞表意，这样的修辞称为符号学修辞。纯文字的广告现在已很少，大多数广告都是以图、文、影像结合的方式出现。媒介形式的变化必定会影响广告修辞。在诸多媒介中，图片、影像等非语言部分逐渐成为广告文本表意的重要部分，成为时尚表意的重要部分。

三、时尚符号化

1. 符号消费

在生产社会中，人们更多关注的是产品的使用价值，而到了消费社会，人们则更多关注商品的符号价值。比如，一辆汽车除了代步功能以外，还可能象征着社会身份和品位。

鲍德里亚在他的作品中提到了社会模式的转变，他认为商品的符号价值最重要的象征背景是从生产社会向消费社会的转变。根据他的描述，在传统的生产社会中，生产的目的是满足消费者缺乏的物质供应。而在物质产品丰富的社会，生产出的产品可能超出了整个消费群体的基本需求。因此，为了保持生产—消费的平衡，生产者会采取很多手段刺激消费。对消费者来说，当越来越多的商品出现在他们的视野中，他们便会从丰富的同类商品中选择最好的。面对无数的选择，消费者会形成更高的心理期望，使用价值不再是唯一的衡量标准，心理满足也被考虑在内。

符号消费实际上是意义消费，是指消费者除了消费产品本身以外，还消费这些产品所象征和代表的意义。当下不少产品都是三联体（符号—物—机构）的结构，只是每部分的占比多少存在不同。物质产品符号化后，就变成了商品。符号化的手段很多，市场营销学理论中的各种营销手段，都是指向品牌的核心价值，为核心机制的实现做贡献。这些手段中广告是最重要的方式之一，因为广告是直接定义产品的工具，为商品提供解读方式，提醒受众按传播者想要的方式理解产品。

2. 符号的意义

消费社会的到来，使得符号的意义显得极其重要，因为消费转向了符号领域，也就是说从物质消费转到了符号商品消费。而人们最积极消费的时候，就是在购买"符号商品"的时候。符号商品是人们为了表明自己身份而购买的东西，如手表、钻石、化妆品等。人们通过符号建立差异，通过符号获得身份标注，符号商品已经不仅是消费它的实用性，更多的是消费符号的意义所带来的附加价值。细究可知，符号的"魔力"来源于符号的约定俗成，即人类社会活动中的不成文契约。由于符号标识具有约定俗成性，符号自然就具有了"魔力"，如"钻石＝爱情"等，体现了符号对人类心灵与情感的满足。符号的所指就是现实物体的心灵体现，将感情色彩附加在其所指的客体上，不仅具有指代客体的功效，还有唤醒情感的意义。

3. 时尚传播符号消费

消费社会最大的特征是消费的符号化，在物质极大丰富的前提下，激发消费兴趣的是商品所蕴含的文化内涵，即符号价值。商品被符号化，被赋予了地位、品位等特定意义，不同的符号意义成为区别同类产品的标签，也成为消费者追求消费的目的。作为连接时尚生产与时尚消费的中间环节，时尚传播的本质是商品的符号化过程。经过大众媒介的符号化包装，普通的商品具有了特定的内涵，如范思哲的傲慢、香奈儿的经典、LV的奢华等。

对自我感受的关注和自我欲望的满足掀起了消费时代身体消费的热潮。身体消费是指为了维护身体形象而进行的消费，满足身体消费需要的商品占领了时尚传播的主阵地。

视觉形象是时尚广告传播的主要内容，时尚广告与视觉密不可分。通常时尚广告通过视觉引导、创造情境，来说服观众，推动消费者形成最终消费，这个链条中不可或缺的内容是视觉形象，视觉已成为信息社会重要的传达方式。时尚广告以视觉信息为载体，全方位渗透到人们的生活中。图像就是一种符号，如今，很难想象如果没有图像，时尚杂志、明星新闻如何吸引受众的眼球。

时尚品牌的视觉形象是如何被受众识别并认知的？当消费者在商场看到大型的香水代言人广告时，首先映入眼帘的是模特的面孔，并将他与之前记忆中的"视觉意象"做比较，确认代言人身份。广告作为一个"画框"，将代言人与该品牌名称和产品图形联系在一起，使产品与代言人产生联系，又在消费者脑中形成新的"视觉意象"，下次再看到产品时，会帮助消费者建立形象连接，使产品与代言人之间产生呼应。

四、符号化的时尚品牌

1. 时尚品牌香奈儿

1909 年，可可·香奈儿在马莱谢贝斯大道 160 号的一家女帽店工作，而香奈儿的时尚帝国已经悄然酝酿。与传统设计师不同，香奈儿总是能创造新时尚。它提供了一种自由，一种基于潮流的服装设计，从男装角度自由呈现女性美。在 20 世纪上半叶，可可·香奈儿和她的香奈儿帝国成为一个传奇。即使在她去世后，香奈儿下一位设计师卡尔仍然继承了香奈儿的品牌理念——"时尚在一瞬间消失，而吸引力却永存"。

追溯香奈儿香水的历史渊源，要从 1921 年香奈儿 5 号的诞生说起。可可·香奈儿邀请为俄罗斯皇室设计了一种"闻起来像女人"的香味的香水师欧内斯特·博克斯。香水师给了可可·香奈儿 10 个样品，几个月后，香奈儿最终被 5 号香水深深吸引。后来她说道："这正是我所期待的，一种独一无二的香水，一种'女人的气味'。"香奈儿 5 号拥有简单的长方形瓶子，象征着香奈儿"少即是多"的理念，很快成为古典世界的标志性香水。在它的黄金时间，香奈儿 5 号香水在世界各地销售一瓶只需要几秒钟。

2002 年，香奈儿推出了另一种香水——香奈儿可可小姐，它以可可·香奈儿命名，也获得了成功。香水师设计香奈儿可可小姐设计时采用了一种特殊的东方"辣味"，使香水具有性感、东方、清新的香味和异国情调，香奈儿可可小姐很快成为另一款经典香水。如今香奈儿无疑是非常成功的奢华香水品牌。

（1）品牌商标的诞生。每一种符号的存在都有独特的意义，每一种标志的诞生都有专属的故事。从香奈儿品牌诞生到如今的发扬光大，可可·香奈儿将自己的品牌从法国延续到世界各地。由双 C 构成的商标已经深入人心，完美诠释了香奈儿的灵魂和精髓。当品牌诞生的时候，需要一个标志，让人们能够记住并且容易识别。于是可可·香奈儿第一时间想到了自己的名字，希望将自己与品牌融为一体。所以一向不喜欢烦琐的她将名字开头的两个字母组合在一起，成镜面影像的两个字母 C，背靠背交织在一起，无比亲密，互相影响。

每一个国际知名品牌的商标设计都不是随意的搭配，也不是随意将图案和文字或字母进行改造诞生的。一个小小的商标不仅仅是一个图案符号，而是融入了企业的理念和精髓。经过精雕细琢的商标符号代表了企业内在的灵魂。看似简单的双 C 商标在经过千锤百炼之后也被时代赋予了更多的意义。

（2）香奈儿香水广告的符号学解读。香奈儿的产品有服装、珠宝、香水、化妆品等，其中最有名的是香水。玛丽莲·梦露拍的香奈儿香水广告，给人们留下了深刻的印象（图8-1）。著名的香奈儿5号，虽然创造于香奈儿香水的早期，但仍然是畅销香水，通过创新的广告以及名人代言使这一香水始终保持魅力。

图8-1　玛丽莲·梦露拍的香奈儿香水广告

值得注意的是，符号化转型对奢侈品营销产生了重大影响。与最初以质量为中心的营销策略相比，香奈儿更重视品牌文化的后期加工。在这里，品牌文化建设一词在某种意义上是创造、培育和安排符号，符号根据其不同的文化意义被分类。对香奈儿来说，进行无与伦比的象征性品牌建设和传播是其在消费文化冲击下取得巨大成功的关键因素。

香奈儿5号香水对香奈儿来说是一个里程碑，因为它不仅是一瓶香水，还标志着香奈儿香水的新开端，使其区别于传统的符号价值观。在传统观念中，香水被认为是芳香精油或芳香化合物、固定剂，并给人体、动物、物体和生活空间带来愉悦的溶剂气味。从这种意义上说，香水的功能性使用只是提供给一些需要增加香味的人使用。香水最初的使用价值是帮助使用者去除或遮盖原有的气味，根据这一使用价值，一瓶香水要花费4美元。但香奈儿香水则要花费40美元，尽管它们都有相同的使用价值。那为什么消费者要购买一瓶40美元的香奈儿香水，而不是一瓶4美元的不知名品牌的香水呢？

根据索绪尔的"能指"概念分析，香奈儿5号是任意创造的一个词，5也是任意选择的数字，而这个词和玛丽莲·梦露效应重新组合，形成了"所指"与"能指"之间的必然联系。

香奈儿5号的新广告中的面孔是被评为最吸引人的好莱坞男星布拉德·皮特，他有着饱经风霜的面容和深邃敏锐的眼睛，出现在一个纯粹的黑白场景中，阐述他对永恒的理解

（图 8-2）。这样一来，香奈儿 5 号的人物文化形象就与香奈儿的最新代言人的形象紧密相连，香奈儿 5 号代表的就不仅只是一种香味。当消费者沉浸在广告营造的氛围中时很可能把自己和明星联系起来，发挥他们的想象。这就是广告符号化对受众的作用，它通过广告的影响力使香奈儿 5 号成为经典和传奇。同时，"能指"和"所指"被更新了。

图 8-2　香奈儿 5 号新广告

2. 时尚品牌 Dior

真我香水诞生于 1999 年，是 Dior 旗下的重要产品系列，这款香水造型别致，格调高雅，一直以来都是全球时尚人士热衷的产品。2016 年，Dior 发布了全新真我香水的广告大片，展现了一场真我女性在流水清风、烈火阳光的知音下拥抱自然，拥抱真我的视觉盛宴。

Dior 作为奢侈品牌，它的广告注重通过精致的符号来传递奢侈品的想象价值，此时的符号指广告中的图像、声音、光线、文字等要素。广告的设计者巧妙地运用符号，引导观众在感叹的同时，提高品牌价值。

最近流行的朋友圈广告是 Dior 品牌选择的新媒体手段。朋友圈广告会根据大数据的计算结果，筛选出符合品牌消费者的受众，实现精准投放（图 8-3）。每个人接收到的广告都不相同，出现在朋友圈的位置也不相同，这种广告投放形式的好处是用户到达率高，因为微信是当下人们使用较多的社交工具。

相似符号通过相似性指向对象，在迪奥的真我香水广告中，不同类别的符号传递出不同层面的意义。在迪奥广告片 *The future is gold* 中（图 8-4），多次出现叠加画面，将女主角窈窕的身材与流畅的香水瓶产生关联，激发消费者的购买欲望。时尚品牌比普通品牌更注重传递品牌的"想象价值"来形塑人们的世界观，它通过符号排列组合强调香水与女性魅力的关联，模糊购买行为和价值认同的边界。从而让消费者产生"只要我购买了，我就拥有了女性魅力"的感觉。广告不仅展示商品本身，更传递着消费观念和价值取向。在具有众多时尚品牌的香水市场竞争中，迪奥提出了"真我女性"的口号，通过广告符号构建了一个美丽的神话。这些神话引导消费者超越使用价值，为品牌的象征意义买单。不得不说迪奥的广告宣传，赋予了产品更深的含义，令人印象深刻，既发挥了新媒体的营销优势，又具有明星效应。

图8-3　迪奥微信朋友圈　　　　　　图8-4　迪奥广告片 *The future is gold*

五、时尚的符号化传播

当今社会是以数字技术、移动互联网技术、大数据技术为驱动和表征的新媒体时代，与传统媒体相比，符号在新媒体环境下的传播特点在传播主体和传播生命周期等方面发生了重大变化。

1. 符号主体的多元性

报纸、广播、电视等传统媒体由于技术限制，在传播的互动性上十分受限。但是在新媒体时代下，单向的信息传播变成了双向或多向的互动传播，广告符号的传播主体也开始多元化。在新媒体网络空间，除了广告主或企业传播人员外，还包括一般网民等参与群体。官方微信、微博平台成为符号主体的多元性组成部分，品牌可以通过"两微一端"来发布广告信息，传递品牌形象与口碑。网民在社交平台上可以根据自身的消费体验对品牌形成正面或负面口碑式广告符号传播，对品牌广告选择接受或拒绝。

同时，网民中还会产生各种不同类型的意见领袖和粉丝，他们成为新媒体环境中社会化媒体平台广告符号传播的重要信息节点。许多品牌也意识到了这一点，并开始运用社交平台的社会化营销，通过各种各样的社交广告手段积极主动与粉丝互动，利用品牌的微博等平台与用户沟通并进行反馈。消费者也成了品牌符号共创的重要参与主体，这些都从侧面表明广告符号开始从一元到多元参与的转变。

2. 符号传播生命周期的短暂性

在传统媒体的广告符号传播中，广告定位一旦确定下来，就将成为广告具有风格化特征的符号。所以才创造出许多经典的案例和品牌形象，如甲壳虫的"想想还是小的好"。它们在传递产品的同时，也传递出一种令人产生共鸣的价值理念。

新媒体时代，原生广告被提出来逐渐成为新媒体广告运作的主流思想范式。正是原生广告的本质要求新媒体广告不断追随热点，将广告内容融入社会热点信息。"迭代"成为互联网思维的核心话语，每天都会生成大量热点内容，广告符号在追逐热点的过程中逐渐变得无力，所以生命周期异常短暂。

3. 新媒体时代下的时尚品牌传播体系变革

时尚是与特定的社会文化相联系的，时尚往往通过一些时尚领袖传播到大众中去。新媒体环境下，人际传播与大众传播的高度融合，传播方式更高速。如在微博上粉丝通过加关注的方式表达自己的喜爱，形成一个传播流，借助微博的评论功能、转发功能、回复功能形成环状信息流。

随着网络经济的不断发展，原有的 AIDMA 即 attention（引起注意）、interest（引起兴趣）、desire（唤起欲望）、memory（留下记忆）、action（购买行为）消费者行为模式，已经被 AISAS，即 attention（引起注意）、interest（引起兴趣）、search（进行搜索）、action（购买行为）、share（与人分享）所取代。如今的消费者行为，越来越多地集中在消费者注意商品并产生兴趣之后的信息搜集，以及购买之后的信息分享。如今消费者走进品牌商品最便捷的方式，不是去品牌总部，也不是直接购买，而是靠媒介进行搜索，实现与品牌的接触。

（1）自媒体建设与运营。传统时期的品牌依靠大众媒体发布品牌的各种信息，新媒体时期则自主掌控和运用平台发声，传播方式已经发生了质的改变。现在的时尚品牌不仅依赖于营销策略的选择，也越来越多地依赖营销媒介。良好的媒介会使得传播达到事半功倍的效果，媒介使用的好坏直接关系到企业的发展。因此，一套完整的企业自媒体运营体系应包含品牌官方网站、官方微博、官方旗舰店、官方微信、宣传视频、电子杂志、App 等媒介形式，带来低价高效的品牌推广。以品牌为驱动，建立包含自媒体管理的传播机构，是进行企业自媒体管理的自主保障。品牌的核心价值是驱动消费者认同并喜爱一个品牌的主要因素，也是品牌的终极追求。核心价值必须成为一个品牌传播活动的统一，只有这样，消费者才会在每一次与品牌的接触中感受到其核心价值所在。

利用先进的技术手段，企业自媒体可以实现图片、动画、文字和声音等形式的有效组合，使信息生动地呈现出来，其内容不仅可以包括产品的介绍和价格信息，也可以包括相关的知识文化信息。利用自媒体，企业可以不断加强企业品牌传播信息的可控性，更好地进行品牌推广。消费者也可以利用企业的自媒体来根据自己的需求有选择地了解企业的各种信息，增进对品牌的了解。

（2）社交媒体中的互动。社交媒体迅猛发展，大有成为新媒体广告主战场的趋势，社交媒体广告的首要任务就是引起受众注意，并且激发受众兴趣，产生互动行为。在信息大爆炸的社交互动时代，人人都是信息的生产者和传播者。对于社交媒体中广告传播功能的实现，最重要的是激起受众对品牌或产品进行讨论，因此需要在社交媒体平台中营造受众能够参与对话的语境。在社交媒体平台中，人与人之间是完全平等的关系，企业与消费者之间应该营造一种可以平等沟通的语境，才能让消费者产生亲近感。如果从马斯洛的需求层次理论来分析社交媒体平台的受众，可以认为企业的优惠、打折等满足了受众基本的物质需求；与受众积极的沟通满足了受众被尊重的社会需要；而让受众从一个"围观者"变成"参与者"，则能满足受众自我价值实现的需要。

移动社交媒体正在改变人们的沟通方式和信息传播方式，使信息透明化，消费者不再是只有购买产品和被服务时才会与企业产生有限的互动。消费者可以在不同的传播平台上共同关注某个品牌，这些共同关注使得单一消费者事件可能会演变成群体关注事件。面对这样的变化，企业要与消费者实现深度沟通与交流，必须整合各种有效的传播元素，在统一的核心价值理念下，成功发挥各种媒介平台的优势，实现跨平台的整合互动。

（3）植入营销。植入营销是指品牌主通过向媒介所有者支付一定费用，将特定的产品或品牌信息自然而毫无痕迹地融入媒介负载的内容载具，并通过隐蔽的手法向观众传递信息。

植入广告强调隐蔽性，但是相对于植入文本来说，植入广告又具有显著性，植入广告侧重于媒介本身，目的是占领接受者的注意渠道。二者在符号传播类型和传播功能上存在显著区别，植入广告由此具有品牌传播的显著性。不仅如此，由于植入广告没有足够多的时空媒介向消费者详细介绍商品的功能，只能通过提高商品在不同场合下的曝光率来增强消费者对品牌的认知度。因此，植入广告还要有一定的辨识度，否则消费者难以识别，也就达不到品牌传播的目的。

近年来，由于新媒体技术的进一步成熟，网络自制节目出现井喷之势，并带来巨大的广告收益。在自制剧繁荣的背景下，电商品牌的植入显得尤为突出，比如京东快递在《爱情公寓》中的大量出境。在网络综艺节目中，爱奇艺自制综艺节目《奇葩说》与美特斯邦威的合作也堪称亮点，除品牌冠名外，美特斯邦威还为《奇葩说》定制了有趣的服装等周边产品，观众可以在美特斯邦威门店找到节目中植入的服装和周边产品。

 ———————————————— 课后思考

互联网经济对传统经济的影响是深远的，未来时尚广告传播的主流方式也会是新媒体的主战场。新媒体环境下，媒介的形式越来越多，"话题营销"是近年来营销界比较流行的方法。话题营销主要是基于公众感兴趣或具有潜在兴趣的话题，运用媒体的力量进行话题引爆、炒作和扩散。话题营销可以引发消费者的购买行为，同时通过关键词优化来增加品牌流量。

除此之外，电商平台也是现在众多时尚品牌在新媒体发展中的新趋势。各大时尚品牌基本都有网上旗舰店，而旗舰店的运营也就成为营销的关键。除节假日的打折、促销或是"双十一""618"等购物节活动，网红直播带货也是最近流行的营销方式。

新媒体平台只是工具，时尚广告是对工具的运用。在这样的环境下，时尚品牌要熟练掌握新媒体平台的各项功能，整合平台资源，学会与时俱进，才能发挥最大的优势。

 ————————————————————— 课后习题

随着时代的发展，网络也成为人们生活中密不可分的一部分，请思考时尚产品应如何推向网络，并对未来的时尚符号特征进行展望。

第九章 短视频风口：内容趋势展望

一、短视频发展环境、背景及现状分析

微博作为当今社会大众熟知的网络平台之一，是新媒体时代下大众接收新信息的重要来源之一，也是广为人知的社交工具。从热搜到话题讨论，再从内容推送到新鲜事物的开发，微博早已潜移默化成为人们日常生活中不可或缺的一部分。对微博的内容发布形式进行研究，对此次研究短视频，有一定借鉴意义。通过分析微博平台上短视频发展的环境、背景及现状，有利于对今后发展趋势做策划分析。因此对短视频发展环境及方向的研究主要针对微博这一平台，并探讨两者之间的关系。

（一）短视频的定义与特点

短视频，也称短片视频。它是一种互联网内容传播的方式，是在各种新媒体平台上播放的、适合在移动状态和短时休闲状态下观看的、高频推送的视频内容。短视频时间控制在一分钟以内，可将一件或者多件事件表达完整，并有清晰的思路和结构的视频，部分超过一分钟的视频也可概括到短视频范围内。短视频内容包括娱乐综艺、幽默搞笑、美妆时尚、数码测评、时尚潮流、社会热点、美食分享、街头采访、旅游攻略、航空科技等主题，涉及范围广泛。短视频传播途径多，分散于不同的多媒体平台，其中以微博、抖音、快手、梨视频、今日头条、西瓜视频等客户终端为代表。

短视频具有种类丰富、形式多样；与受众互动性强；生产成本低；传播途径多样；传播范围广泛；传播感染力强、融合度高的特点。

短视频与大家熟悉的电视剧、电影有着一定的相似之处，但却存在本质上的不同。短视频除时间上比电视剧、电影短之外，在内容制作和构成方面较为简单，因此进入该行业的门槛要求相对较低。同时，在传达信息方面，短视频所阐述的内容更为简单易懂、思路简易化，对观众接受能力要求更低，提供给受众的参与感更强。优质视频能在短时间内将饱满的内容，明确清晰地传达给受众，传播效果"快狠准"，因此在近几年内成功引起一股短视频浪潮，带来全民短视频化的趋势，使运营自媒体吸粉渠道扩宽，高效实现稳定内容输出以及意见反馈的双向模式。

（二）短视频行业发展环境及背景

1. 经济环境

随着互联网的发展，短视频成为新兴传播媒体，以迅猛的发展速度出现在观众眼前，传播范围广泛而迅速。从最开始的微信短视频到如今微博短视频、抖音、快手、美拍、梨

视频等各大平台的出现，短短几年出现种类繁多的短视频 App，以及喜爱该类形式的粉丝与群众。当今网络时代下的自媒体、运营终端早已与经济融为一体，两者相辅相成、共同约束。循环发展的经济模式为自媒体的发展提供了良好的氛围，让整个互联网环境更为和谐融洽，以良性循环的发展模式共同进步。

2. 社会环境

从传统媒体到自媒体，从 4G 时代到 5G 时代，社会环境的变化不断助推网络的发展，网络时代下传播、评论、反馈环节的流动性和活跃度不断增强，短视频的内容产出、加工、发布更为有效。从传统媒体过渡到当今互联网"轰炸"时代，积极融洽的社会环境为媒体的更新换代打下了良好基础。以微博为例，各大自媒体运营者可以和广大受众充分互动，微博留言、评论、私信、转发、点赞的设立为网友和运营者之间的沟通搭建起巩固的桥梁。受众能即时表达个人想法和观点，运营者也可以充分获得信息反馈，进一步制定对策与策划。短视频能够顺利发展且拥有良好的发展前景，当今互联网环境发挥了功不可没的作用。

3. 网络环境

在网络时代的迅速发展下，移动终端发展速度的不断加快为短视频的"短平快"的这一大特点创造了客观的环境优势。同时，由于短视频自带属性特征与当今环境的融合，符合互联网时代速度快、反馈强的机制，因此获得广大受众的喜爱。

二、热门短视频内容主题新趋势及特点

（一）短视频行业自媒体代表

1. 微博和秒拍

（1）娱乐类：偶像那些事儿、韩国 me2day、小娱乐家、娱乐吃瓜菌。

（2）美食类：Sugar 糖小幺、999 道私房菜、日食记、密子君。

（3）搞笑类：papi 酱、辣目洋子、洗净牡丹、呆十三。

（4）星座情感类：同道大叔、当时我就震惊了、奔波儿灞与灞波儿奔、一条。

（5）科技类：Bigger 研究所、诸葛囊囊、搞科技、阿尔法小分队科教组。

（6）美妆类：kakakaoo、MK 凉凉、小猪姐姐 zz、走向世界的彭美丽。

（7）旅行类：奋斗在韩国、俄罗斯事儿君、这就是德国、北石同学。

2. 美拍

（1）搞笑类：陈翔六点半、粉红粉红的一天。

（2）时尚类：陈漫 ChenMan、HoneyCC。

3. 抖音、快手

抖音、快手上的自媒代表有吴佳煜大女神、代古拉 K、宋美娜好哇塞、张欣尧 zxy 等。

（二）短视频发布获热门推荐原因

1. 风格主题明确

在网络迅速发展的当下，互联网技术的进步为短视频的发布提供了得天独厚的条件。

此外，从用户个人角度而言，个性化需求的加强成为当今短视频迅猛发展的一大原因。用户喜爱主题明确的视频，各类短视频在投放市场之后受欢迎程度存在明显区别。因此在平台定位方面，应准确选择平台；就内容而言，自媒体内容的制造产出也具有明确方向。

2. 精准的用户定位

各个平台使用用户基数庞大，精准的用户定位成为每个自媒体成功的必然要求。以微博为例，其定位为精准推广的社交互动性平台，也是图文信息、视频发布互动媒介。因此微博专注做好微博推广和营销。抖音也为社交属性的平台，与微博明显不同的是其增加音乐元素，为受众带来的是"短视频+音乐"的模式。抖音这一独特运营模式是其广受欢迎的重要原因之一。因此准确的定位是所有自媒体迈出市场获得肯定的重要一步，在满足受众需求的同时，为其提供新的选择，才能获得更大竞争力，在激烈的互联网市场中突出重围。

3. 大数据分析

在自媒体行业，每一次成功运营的背后都有专业团队和一套精准的后台运营模式。利用大数据分析是最主要的数据借鉴来源，后台利用客观数据计算出用户所喜爱的视频种类，将其处理为有效数据，为自媒体运营者提供了一套完整且科学的数据支持。在网络迅猛发展的时代下，帮助其准确冷静分析对策。同时对于受众而言，大数据分析的方式同样能够为每个人带来更好的观感享受，根据每个人不同的兴趣爱好进行推送，实现双方高效互动。

4. 明星、网红效应

短视频发布获得热门推荐也可以借助强大的明星、网红效应。大部分成功运营的自媒体从建立运营到拥有不错成绩，均有明星或网红效应的帮助。从初期零基础建立账号到后期的粉丝导入、热门推广等形式都会带来潜在的明星效应。因此自媒体在运营方向，打造明星、网红效应一直是其重点发展的领域，而创造优质的视频内容则为运营者即将面对且要突破的问题。为获取更多忠实粉丝，就必须不断优化自身视频内容和信息推送质量，打造独特的 IP 链，为自媒体永久发展、提高竞争力的必经之道。

（三）热门短视频内容主题总结

微博作为大家日常生活中获取信息的来源之一，很大一部分受众的互动诉求依靠微博这一平台实现。因此微博移动化和碎片化的社会性模式符合广大网友的需求，成为不同于其他平台的一大特点。在微博这一平台上，各大短视频自媒体争取流量的主要方式为争取热门。在此过程中，由数据表明，微博短视频在生活、搞笑、娱乐领域占热门数量最多，这三类主题视频社交互动性较强，用户参与度高，再通过 UGC 的内容进一步巩固用户的社交关系和黏度，更好地与其自身平台的社交属性相融合。与此同时，微博也是明星的集聚地，成为明星与大众的重要沟通渠道之一，微博头条、帖子、粉丝群、话题、新鲜事物等的设立，更加深了大众与明星之间的互动，借助明星效应，也使得微博更具有公信力。随着微博的盛行，除明星之外，逐渐出现了各种具有公信力的大 V、网红、商业官方微博等自媒体，开发运营不同领域内容，使微博呈现"百家争鸣"的场景，使短视频发展的道路更加通畅。

1. 生活类

以生活类为主要营业方向的自媒体数量众多，该类博主通过分享日常生活，拍摄 VLOG、谈论学习、情感、经验等有关生活各个方面的综合类视频，向广大网友介绍自己并分享自己的生活。每一个成功运营的博主都存在一批忠实粉丝，该类博主数量在近几年内增长极为迅速，使不少博主能在一定时期内成功转为微博大 V。

2. 搞笑类

搞笑幽默类短视频一直是微博短视频的一大热门领域，该类短视频充分结合当下时代热点，巧妙加入大众喜欢的笑点，因此获得广大网友喜爱。搞笑类视频若想获热门推荐则对内容制造和时代热点的跟进等方面要求较高，这也是该领域自媒体当下及未来需要一直且持续关注的方向。

3. 娱乐类

近年网络新媒体在信息传播数量、速度、发布范围及互动性等方面与传统媒体相比优势明显，各大媒体不断借助互联网浪潮打造独家 IP，综艺娱乐类节目层出不穷。这种借助高密度、高输出、高效率等方式进行娱乐综艺链的处理成为众多自媒体竞争的手段之一。同时，在当今网络环境下，微博又为广大网友提供了一个相对自由且广泛的平台，成为广大网友谈论与参与社会话题的一大渠道，娱乐类短视频逐渐成为当之无愧的"流量"短视频主要内容。

三、优质短视频数据展示及对比

短视频间的竞争其实是视频内容的竞争，对于自媒体而言，评判一条视频是否优质最直接的标准就是看数据，转发、点赞、评论（转赞评）数据则在很大程度上代表了该条短视频的市场融合度、受众感兴趣度和话题度等，具有很强的参考价值。

（一）微博短视频播放量数据分析

1. 发布量与发布时间

视频发布量与视频播放量存在一定的正比关系，发布量越高，播放量越高；发布量越低，播放量越低。

视频发布时间是影响视频播放量的因素之一，周末数据与工作日播放量会有明显差异。一般而言周末视频阅读量和发布量比工作日要高。

2. 视频内容

娱乐综艺、电视剧、美食类在短视频领域的阅读量、播放量较高，数据排名前三，生活类次之（表9-1）。

表9-1　各类短视频发布量与播放量数据对比

一级分类	昵称	发布量（上周）	发布量（本周）	阅读数（上周）	阅读数（本周）
娱乐综艺	星闻天天报	205	189	2712174	2699091

续表

一级分类	昵称	发布量（上周）	发布量（本周）	阅读数（上周）	阅读数（本周）
电视剧	我们都爱电影儿	194	195	1771600	1951425
娱乐综艺	搞笑 cut 菌	213	207	2575070	2136534
美食	大胃很饿	197	193	2153482	2093094
电视剧	颠覆你三观	194	197	635108	904555
建筑建材	教你看风水	113	121	120347	123505
旅行	你要的三寸天堂	124	135	76114	82466
科技数码	神奇数码菌	105	123	37264	65553
农林牧渔	难忘乡村美食	140	125	44045	66357

短视频阅读量决定发布量，某领域阅读量越高，代表受市场欢迎程度越高，自媒体在该类视频的投放数越多。

（二）微博短视频转赞评数据分析

娱乐综艺类短视频获转赞评数量最高，其次为电视剧和美食类短视频；明星、电视剧类在资讯类视频中获转赞评数据也较高（表9-2）。

表 9-2　各类短视频转赞评数据对比

主题	昵称	转	评	赞	合计
娱乐综艺	娱乐星推送	182	220	2076	2478
电视剧	风靡一视	129	98	1507	1734
美食	就是爱西餐	649	51	979	1679
明星资讯	爱豆拌 fan	111	94	1313	1518
电视剧	找对象不如追剧	55	67	1380	1502
文化教育	中学课程辅导日常	106	42	561	709
体育	足球精彩集锦	124	49	346	519
音乐	音为有你才快乐	30	11	356	397
美食	每日热门菜谱	119	12	258	389
游戏	热门游戏攻略	10	22	306	338
体育	每天一堂瑜伽课	172	5	157	334
航空	飞上云端的故事	98	35	176	309
动物	动物 de 世界你不懂	77	37	191	305

娱乐综艺类视频评论及获赞数量高于转发量，美食类视频转发量高于评论与获赞数。

就短视频转赞评三者而言，存在正比关系，转发、评论与点赞数量一般呈同步高低状态。

从短视频自身发展内容上来看，未来发展趋势将持续朝娱乐化方向发展，综艺娱乐领域始终占据大部分市场；从内容宽度而言，会出现更多发展趋势和突破口，如教育类、家电类、民俗类等，短视频自媒体也会不断创新当下的运营模式。随着网络技术的发展，在新媒体环境下，以播放量及转赞评数据为重要依据，以后台短视频发布量及播放量对比数据、转赞评数据为直撑，探讨当今各类短视频受热门推荐原因及短视频内容发展方向，具有一定针对性、科学性和实用性。

 ━━━━━━━━━━━━━━━━━━━━ **课后思考**

对短视频而言，从内部条件来看，短视频自身结构内容的优化与发展是未来该领域一直并且持续突破的领域，只有提高视频内容质量，才是提高自身竞争力的有效方法，在激烈的竞争市场中占据优势；从外部条件来看，短视频需紧跟互联网发展潮流，抓紧多媒体环境所带来的条件与优势，顺势而上。做到内外部结构优化，调整战略结构、整合发展，以一条带多条的 IP 链条形式促进整个短视频领域的进步与繁荣。

 ━━━━━━━━━━━━━━━━━━━━ **课后习题**

短视频内容主题发展呈现出娱乐化、多样化、感性化等趋势，请具体分析。

第十章　抖音时尚场景：时尚生态下的抖音传播

　　抖音是一款创意短视频社交 App，是一个旨在帮助大众用户表达自我、记录美好生活的短视频分享 App，于 2016 年 9 月上线。这款短视频 App 与其他 App 不同的是，抖音里有很多好听的歌曲，用户通过选择歌曲作为背景音乐，再拍摄 15 秒的短视频，就可以很轻松地完成自己的作品。仅仅两年，抖音已经迅速成长为下载量最高的一款 App。与此同时，抖音仍存在着许多问题，如内容同质化、低俗化等。那么，了解抖音是如何在短期内迅速爆红，爆红后又该如何解决现有问题。本章通过研究抖音的产品定位、产品本身的特色以及高效的营销推广策略来介绍抖音。针对抖音视频内容良莠不齐的状况，通过注重视频内容的创新，严格监管来改善现状。同时，以抖音时尚为例，概括出时尚场景下多元化平台的移动短视频广告的发展经验，对微观层面的时尚场景以及对该环境下的广告传播策略及特点进行阐述，为广告行业在短视频领域的发展提供理论支持，有助于广告业在时尚场景下健康有序地发展。从长远来看，抖音要想发展得更好，可以与其他品牌强强联合，优化资源配置，增强自身竞争力。虽然抖音已经取得了很大的成绩，但亟待解决的问题很多。

一、抖音受欢迎的原因

　　抖音 App 是一款音乐创意类短视频社交软件，用户可以通过这款软件选择自己喜欢的歌曲片段（15 秒），并配上肢体动作或表情、舞蹈及情景、画面、文字等形成自创的 15 秒音乐短视频作品。2021 年一季度，抖音国际版 Tik Tok 在 App Store 中的全球下载量达 4580 万次，超越 Facebook、Instagram、YouTube 等，成为全球下载量最高的 IOS 应用。

（一）精准的定位

　　抖音的产品定位为"年轻人的音乐短视频社区"，主要用户群体从一开始的 18～24 岁，上升到了 24 到 30 岁。可见，与快手短视频不同，抖音的目标用户主要是年轻人。音乐不分国界，每个国家的人民都对音乐有着巨大的需求，但不同的国家有不同的音乐环境，且中国用户较为内敛，因此，抖音的产品定位和特性就紧贴中国用户。

（二）产品的特色

1. 短视频切合当下快节奏的生活

　　"每个人都能出名 15 分钟"，这曾是著名波普艺术领袖安迪·沃霍尔的一句名言，如今，抖音证实了他的言论，只要你有才华，有创意，你就有可能出名。与长视频相比，

15 秒的短视频创作更容易被普通用户接受，创作的门槛不高。同时，短视频的长度通常以秒计算，适应了当今碎片化阅读的时代，让人们可以在生活和工作的闲暇时间浏览，打发无聊的时间，因此极大方便了信息的接受和传播。同时，15 秒的短视频会降低用户戒备心理，用户会认为自己不会看太长时间，但浏览过一个又一个的短视频后往往也会花费挺长时间。这也是抖音能够吸引人们眼球的一个原因。

2. 特效、美颜等功能让年轻人更愿意分享生活

除了音乐，抖音的美颜滤镜、特技、字幕等多种功能，都与以往的短视频 App 有很大不同，与抖音的用户定位高度契合。年轻一代对外貌更加重视，喜欢自拍。快节奏的生活让年轻人承受更多压力，他们更喜欢用轻松自在的方式表达自己，舒缓压力，喜欢有个性、有创意的产品。而音乐又具有强烈的时代特色，潮流音乐搭配短视频，不仅可以减轻用户制作视频的压力，让用户不必因不知道说些什么而苦恼，还能使视频更具感染力，更容易让观众，尤其是年轻的观众理解视频内容，产生情感共鸣。

3. 运用推荐算法+人工挑选的推荐方式

抖音是今日头条旗下研发的一款 App，而今日头条的算法推荐在此前引发了网友的很多争议，对于抖音来说，大数据可以更好地完成用户定位，智能地为用户推送同类视频，避免用户浪费许多不必要的时间和精力，并且，算法系统并不会过多地推送某一类视频使用户产生审美疲劳。同时，抖音还会人工挑选一些热门视频，推荐给感兴趣的用户。一般只要创作者的视频有亮点，就会被送上热搜。当然，视频首先要经过一定的筛选，避免出现恶俗的内容。

4. 内容平民化

在抖音里，明星的视频往往不如素人视频的点赞数高，这也说明在抖音上"火一把"比在微博、小咖秀上容易得多。微博上一张明星的自拍可能引来几万的点赞，而抖音里最火的视频往往不是明星拍摄的，如此看来，抖音是一个更重视内容质量的 App。同时，随着互联网去中心化的过程，普通人也可以成名。通常人们都有表达欲，当一款产品能够足够尊重人们的表达欲望，并给出合适的表达渠道，收割流量就变得轻而易举。曾几何时，吸引人们眼球，拥有较多表现机会的只能是明星，普通民众虽然有创意，但始终没有机会可以施展，但抖音的出现打破了这一僵局，即使是素人，只要有想法，有创意，就有可能拥有自己的粉丝，也真正验证了"高手在民间"。互联网的去中心化还在继续，并且随着移动时代的发展，去中心化的过程会越来越快，越来越短，越来越碎片化，而抖音，就是音乐和视频领域不可逆的去中心化。

5. 兼具社交功能

抖音目前的社交功能主要还是评论与关注，有些视频虽然不是很有趣，但下面的评论却往往创意十足。同时，通过评论，视频的发布者可以真实地了解粉丝的兴趣，粉丝的评论也会成为创作者的灵感来源，粉丝也可以近距离地了解接触"偶像"，更有利于培养对"偶像"的忠诚度。

二、高效的营销推广策略

（一）低门槛化

抖音的短视频看上去很有技术性，但其实操作非常简单，易上手，每个人都可以成为抖音"大神"。对于不同的用户群体，抖音有不同的功能可以选择，创意十足。对于那些有特殊技能的用户群体，抖音里的舞蹈或歌曲模板可以让他们进行模仿，同时他们也可以在模板的基础上根据自己的想法进行再创作。而对于没有特殊技能的用户群体，抖音也提供了一些不用专业技能的功能，如类似小咖秀的对口型模仿短视频，这种类型的短视频在操作上没有很高的技术要求。这种低门槛化操作方式可以吸引多种类型的用户群体，使抖音的用户数量持续增长。

（二）明星入驻制度

抖音在产品早期是依靠明星的影响力来吸引粉丝，这是一种有效的推广营销手段，可以利用粉丝经济为平台吸引大量的新用户。如 2018 年 3 月，相声演员岳云鹏在微博转发了一个粉丝在抖音上模仿他的视频，从此抖音的热度就不断上升。包括一些年轻偶像，如魏大勋、熊梓淇等，他们都称自己是抖音大神，粉丝在追星的过程中，爱屋及乌，也会关注喜欢的明星在各种 App 上的动态，这在很大程度上也提高了抖音的知名度。

（三）电视节目冠名

随着移动互联网红利的逐渐消退，仅仅依靠应用商店等传统方式进行 App 推广的方式已不再适合。不仅效果不明显，而且成本很高，得不偿失。随着 2017 年网络综艺开始进行播出，各种超级网络综艺层出不穷，而抖音短视频 App 也抓住了机会，通过各种节目冠名方式不仅能够树立品牌形象，而且可以加深用户对于品牌的认同感，增强受众对产品的好感度和忠诚度。抖音的受众主要是"95 后""00 后"，在抖音上，他们普遍喜欢有创意、有趣、轻松、选手颜值高的视频，而《明日之子》《我想和你唱》《中餐厅》《明星大侦探》等这些综艺节目的受众群体与抖音不谋而合。因此，通过冠名各类综艺节目借其影响力扩大自己品牌的知名度，也成为抖音短视频扩大用户数量的营销措施之一。

（四）线上+线下整合营销

抖音通过经常举办线上线下活动来吸引大众的目光，提供免费的体验活动，发布话题引导大家讨论，从而对品牌进行宣传。抖音的线上活动，不仅包括和其他平台或明星合作，而且还会发布一些话题引发讨论，比如之前流行的"溜溜梅扛酸全民挑战"等，来拓宽抖音的宣传渠道。同时，抖音也会经常举办线下活动，通过线下情景使普通民众可以近距离与抖音大神们进行讨论，并再次形成话题在各大媒体报道上进行再次传播，提高了抖音知名度的同时也拉近了抖音大神与观众之间的距离，有利于激励用户不断创作出粉丝喜爱的优质作品。

三、抖音未来的发展方向

（一）注重创新，坚持"内容为王"

创新是引领发展的第一动力，抖音要想长期发展，就要鼓励用户多多发挥自己的创新，施展自己的才华。同时，抖音本身也应对产品本身进行创新，紧跟当下热门综艺节目形式，挖掘其中的亮点，例如，抖音最近借鉴《我想和你唱》综艺节目的模式，新推出的合拍短视频就是一个典型的例子，新的模式不仅让抖音网友可以紧追潮流，同时用这种方式引起了话题点，这从抖音短视频的营销上来讲无疑是成功的。又如抖音与七大博物馆联合推出的《第一届文物戏精大会》，在举办当天就刷爆了朋友圈，这个视频不仅让观众眼前一亮，还打破了博物馆古板、与时代脱节的形象，同时，再一次将抖音推上热搜，提高了知名度的同时也有利于树立品牌正能量的形象。

（二）提高内容质量，加大监管力度

抖音短视频监管难度较大，传播范围广，传播速度快，容易产生不良信息和同质化信息，因此要想有效地改善这些问题，抖音应当坚决抵制内容抄袭和低俗信息，完善用户的举报机制，将不良信息扼杀在传播初期，在最大限度内降低其负面传播效应。同时，视频的上传审核过程更应当提升门槛，用户的抖音账号除了连接手机号之外，也应当连接个人的信息，切实将责任落实到个人，这样有利于对于违反规定的人员进行惩处。在惩处办法上，抖音不应该只是停留在永久封号上，还应采取一些与利益相关的措施，如罚款、进行网络安全管理教育、义务劳动、入狱等。因此有关部门应采取有关法律法规对其进行监管约束，对不良信息的传播行为追究其法律责任，营造健康和谐的网络环境。

（三）企业间强强联合，增强竞争力

企业之间的强强联合，可以促进企业之间的优势互补，实现资源的优化配置，促进先进技术的研究和开发，挖掘品牌的更多商业可能，获取更大的经济效益。因此，抖音可以尝试与其他品牌合作，增强企业竞争力，扩大知名度。例如网易云音乐与屈臣氏的跨界合作，在全国线下超过 3300 家屈臣氏门店都有网易云与屈臣氏联合打造的"出道挑战"活动。此外，二者还结合网易云音乐用户的听音乐喜好免费打造时下年轻人最爱的六种不同音乐风格的主题妆容。这次活动也让人们看到了音乐平台商业化的更多可能。因此，抖音也可以通过跨界合作，寻找提高品牌知名度和美誉度的各种可能。

四、时尚场景下的抖音短视频

时尚同潮流、时髦常被人们放在一起使用，三个词含义相近，即在一段时期内社会上流传较广、盛行一时的大众心理现象和社会行为。实际上，时尚同潮流、时髦有细微的差别。时尚更加侧重于行为模式、社会风尚与生活方式在社会中的普遍性。场景指的是事物在一定条件下的存在和发展状态。

由此可见，时尚场景是指广为流传的行为模式、社会风尚与生活方式在当今社会环境条件下所存在的一种状态。它是一种多元化的流行观念在一定时间段内的存在和发展状态。时尚场景平台则是一种在如 UGC（用户生成内容）、PGC（专业生产内容）、MCN（多频道网络）、KOL（关键意见领袖）模式及内容电商模式等中存在两种及两种以上的具有多元化业务的平台。

时尚不是单独存在的，它存在于人类生活的各个方面。从宏观层面来看，时尚生态影响的是人类文明发展过程的社会状态。从微观层面来说它包括了艺术表达、文化传承、科技创新、产品设计、商业重塑、生活方式等各个方面。

（一）抖音的传播方式

1. UGC（用户生成内容）

软件主要以 UGC 为主要形式，每一位用户都可以通过注册账号来发布自己的内容，记录自己的生活，就如该软件的宣传语所说：抖音记录美好生活。

2. PGC（专业生产内容）

抖音也有 PGC 形式存在，一些品牌方会在软件内注册官方账户，发布与自己产品或品牌相关的视频内容，对自己的品牌起到一定宣传作用。

3. MCN（多频道网络）

MCN 是一个由多个 PGC 自媒体组成的组织，可以在制作、互动推广、合作管理和制作等领域向子频道提供帮助，相当于是一个自媒体联盟。抖音与网红进行签约，而 MCN 来确保内容的质量，建立团队，最终通过广告进行变现。

4. KOL（关键意见领袖）

抖音中，所受关注度较高的博主所发内容会有一大体方向，例如，美食博主、美妆博主、好物推荐博主，该账号下视频内容会有明确分类，基于此，抖音官方会给这类博主打上标签：如某品牌官方账号、人气短视频创作者、好物推荐官等。这样明确的分类也更能够增加用户体验、方便广告主寻找广告投放渠道、提升广告投放性价比，创造更高收益。

5. 电商平台

抖音在作为一种社交软件的同时也是一类电商软件，用户可以在本人账户下放置商品橱窗，可将商品的购物车放在发布的视频中，以此方式来推广给观看视频的用户，增加商品曝光率和点击率，凭借视频的快速吸引力，可以快速实现销售转化，以此增加产品销量提升销售额。

（二）时尚生态下抖音广告的表现形式

1. 信息流广告

从形式上来说，内容按照相似的规格样式上下排布的就是信息流。具体而言，在大数据时代下，运用大数据算法，通过分析受众的性别、年龄、行业、历史操作、浏览行为等，将符合受众需求的广告精准推送给受众群体。将广告以信息流的形式放在各类短视频中在受众不经意间传递给他们，重在不影响受众对该软件的使用体验，还能够将广告主想要传递给受众的广告信息传播给受众。相对于传统广告的投放形式，广告主从买广告位转化成了买用户，每位受众所接收到的信息流广告都是不一样的，这也是信息流广告的魅力所在。通过大数据聚合、算法和逻辑，信息流广告的精准投放也大幅降低了广告主的投入，由于受众的精准性高，也提高了广告的传播效果。以 VIVO 发布的一条 VIVO X30 新品上市的信息流广告为例，该手机品牌以照相功能突出为卖点，同样此次广告宣传也主打新品的摄像功能，不同的是结合了抖音的时尚潮流，以卡点音乐的形式展现该新品的摄像性能，以桂林风景作为摄像对象，暗示 VIVO 新品发布会的地点。该视频两天内点赞量达39.5W，可以看出用户对该视频广告的认可度高。该广告增加了该新品发布会的知名度，获得受众关注。

2. 开屏广告

在 App 启动加载时所出现的全屏式的广告，一般开屏广告的持续时长为 5 秒钟，由于是全屏式的广告，用户视觉体验感较强，点击任意位置即可进入广告页面。一般 App 用户可根据自我需求选择是否观看该广告，不想观看可直接点击跳过广告。而抖音作为一种短视频 App，它的开屏广告被设计为与信息流广告融为一体，3 秒钟之后进入 App，打破了传统开屏广告时长的局限性，长视频也可投入到开屏式广告中，扩大了开屏式广告的广告主范围。以 Burberry 的开屏广告为例，广告以时尚激情的配乐，通过不同人种、不同肤色、不同装扮的任务的互动以及行为，宣传 Burberry 的缤纷佳节欢乐派对。这一作为开屏广告，专业性较强，广告视频质量较高，用户体验感强，能够增强品牌记忆，加深受众的品牌印象。

3. 植入式广告

植入式广告是将商品（服务）或品牌信息整合到媒体内容中的活动，是以商业利益为动机，有意将有关商品或服务及其商标、标志等信息隐藏在媒体内容中，从而影响消费者的行为。植入式广告是种混合体，它试图通过将广告信息融入媒体内容来跨越广告信息和媒体内容之间的界限。

4. 互动贴纸

在拍摄抖音时可根据不同场景、人物，运用 3D 技术、面部识别等技术将贴纸显示在被拍摄的物体上。抖音可以为商家定制专属贴纸，用户在拍摄过程中能够自发的使用并发布带有品牌贴纸的作品，实现品牌的传播推广，让用户主动进行分享。比较有代表性的是不倒翁小姐姐的专属贴纸，2019 年 10 月，以神话为音乐背景的大唐不夜城的不倒翁小姐姐突然火爆，其后不久便推出了不倒翁小姐姐的贴纸，去大唐不夜城的人不断增加，演出现场火爆。2019 年抖音数据报告中，大唐不夜城成为 2019 抖音播放量最高的景点，该地点总播放量高达 31.7 亿次，引发用户的互动传播。

5. 抖音挑战赛

抖音挑战赛是由各品牌官方提出话题，官方将其推送给各位用户，用户根据挑战赛的要求完成视频的创作并发布。目前形式有超级挑战赛、品牌挑战赛和区域挑战赛。挑战赛能够很大程度的满足品牌方的营销需求，在平台的存在时间较长，话题存在着参与性和趣味性，能够持续的吸引用户参与扩大品牌的持续影响力。OPPO 联合抖音营销推出互动营销活动"2020 全都要稳"挑战赛，播放量超过 29.9 亿，全网近 66.6 万人次参与了此次话题，账号 7 天内粉丝量增长 25.7 万，这就是抖音挑战赛的强大力量。

（三）时尚场景下抖音在文化传承中发挥的作用

1. 传统文化的继承

我国优秀的传统文化是祖先留下的丰富遗产，长期以来处于世界领先地位，是中华民族的智慧结晶，具有永久的传承性。

就抖音中的传统文化而言，汉服作为汉民族的传统服饰，承载了汉族的染织绣等杰出工艺和美学，传承了中国非物质文化遗产以及受保护的中国工艺美术。随着新一代审美的转变和文化自信，传统的汉服文化又逐渐走进了大众。抖音"汉服"话题播放量超过265.8亿次，参与拍摄的视频达到93.9万个。这也是抖音对传统文化的传承，并起到了一定的推动作用。除汉服之外，以"谁说京剧不抖音"的话题，累计11.7亿次播放，6.4万人次参与，这是对国粹的传承，对传统文化的继承。

2. 传统文化的传承

抖音对汉服文化有传承作用，那与抖音广告又是如何进行结合呢。拍摄者化着精致的妆容，穿着华丽的汉服，在镜头面前转个圈都可能引来上百万的关注度，而这上百万的关注会带来上万的销售额。而在生活中也会发现，身边有不少人热爱汉服文化，并在日常生活中穿着汉服，这也引起人们对传统文化的传承和发展。

（四）时尚场景下抖音的科技创新

1. 小程序+短视频

短视频目前已经成为各大企业电商带货的主要动力，抖音在国内月活跃用户数超过5亿，日均视频播放量200亿次。每天大约有4万"种草"视频发布，平均每两个月，销售转化率翻一番。而抖音推出的"小程序+短视频"的商业推进，又会增加电商带货的多种打法。抖音的主流市场一直都是短视频，它主要依靠短视频来吸引更多的用户。即便是小程序开发成为新的引流模式，短视频依然是抖音吸引用户的利器。因此小程序的设定便与短视频绑在一起，在抖音视频中，用户可以在短视频下方的小程序入口进入对应商品界面浏览详情。

2. 竖屏广告

近几年短视频已经成为一种新兴的类别，为品牌带来了新的营销和信息展示方式。据相关数据显示：智能手机用户存在94%的时间在观看手机时是竖向的，而不是横向观看，而纵向可视化也将短视频内容和营销带入了纵向时代。越来越多的品牌方、广告主都在拍竖版视频的广告，不仅是为了适配抖音，而是移动互联网平台上的视频广告都将竖屏化，这是大势所趋。

3. TopView 超级首位

超级首位广告的特点在于广告内容的前3秒的视频占满整个屏幕，3秒后淡入互动转化组件，紧接着在10~60秒进行品牌视频的曝光，多样化的展示相关品牌的信息，对用户形成了一个由浅入深的记忆效果。这种形式的广告不仅为品牌方提供了更丰富的营销空间，还满足了用户与品牌方进行深入沟通的需要，增加了品牌商品的曝光率。通过TopView超级首位的引流，可吸引用户到品牌的主页进行深一步的了解，增加品牌好感度，多种落地页的连接形式也给用户提供了不同的选择。

五、抖音传播的策略及特点

(一) 认证 KOL "网红效应"

时尚主要由大众媒体塑造,时尚又是"第三者效应"的表现,这主要是通过偶像明星类"意见领袖"施展魅力,最后引起用户的跟从;现实生活中,偶像明星的粉丝,就是时尚的主要消费与人际传播主体。KOL(key opinion leader)关键意见领袖通过将网络舆论引导到社会热点,吸引主流媒体的关注,其在时尚、消费等领域具有很强的影响力。

类似于微博的大 V 认证,抖音也存在官方的账号认证,如演员、抖音人气好物推荐官、××公司/官方账号、抖音音乐人、知名视频创作者等。这些账号的认证,不仅较好的分化了视频的类别,方便用户以需关注,同时也便于广告主进行广告的投放。此外,网红的构思创意,视频内容可以和品牌特性相契合,实现更好的创意传播。抖音的官方认证在培养关键意见领袖的同时,增强了网红效应。抖音在时尚生态下的特点主要是将明星效应转化为网红效应,用户既是购买商又可以成为供应商。

(二) 大数据精准定位

在现如今技术不断发展的时代,大数据算法逐渐走进了人们的视野,越来越多的软件运用算法进行了内容的精准投放,如淘宝的个性化推荐。抖音广告的一个主要特点是,广告商能够准确地针对目标受众,并进一步扩大潜在受众。抖音广告传播的精确性表现为:根据使用抖音的关键用户群体的具体行为进行有针对性的广告投放,对用户需求进行量化分析,选择希望接收产品信息的目标受众。抖音能够推动精准营销的趋势的原因是抖音根据大量的定量数据给用户贴上了标签,挖掘互联网用户数据,寻找目标用户。根据用户的性别、年龄、喜好、位置等具体数据确定广告的目标群体。因此抖音广告的流量转化率也就高于传统媒体的广告。

抖音精准广告的有效性是通过内容的个性化和广告有效性的评估来证明的。在传统媒体时代,广告内容基本上是同质的,缺乏创新。绝大多数消费者对广告内容有刻板印象,认为广告信息枯燥乏味,拒绝和忽视他们收到的信息。传统的广告意味着被动地接受,这大幅减少了消费者对信息的选择,降低了他们浏览广告信息的兴趣和愿望。与传统广告形成鲜明对比的是,精准广告为消费者提供了基于在线行为数据的定制广告内容。在移动互联网的背景下,个人电脑和移动设备是相互连接和共享资源的,消费者只有在能够接收到与他们的利益高度相关的广告内容时才需要连接。

在抖音中,根据用户的年龄、性别、历史操作、浏览行为等判断用户的喜好及需求,使与用户喜好以及需求相关的优质内容以及广告出现在该类用户的软件中。用户所观看的内容一直都是与自己喜好相关的,也极大地增加了用户黏性。这也是抖音用户的平均在线时长能够达到 72 分钟的重要原因。广告主在投放广告之前也可选择适合自己用户群体,分析寻找自己的潜在用户,在进行广告的投放,无论是信息流广告还是植入式广告,都能够给产品或品牌带来巨大的曝光率,从而给商家带来可观收益。

（三）时尚场景下抖音传播的特点

1. 社交性

抖音作为一款社交软件，社交性是必不可少的，用户可通过点赞、评论、转发表达对该视频的喜爱。短视频广告更具互动性，用户参与度更高。

2. 创作门槛低

2019 年抖音用户数量已非常大，个人在注册抖音后皆可发布自己的作品，每个人都可以根据自己的创意在软件中进行创作。抖音旗下又开发了"剪映"的视频剪辑软件，极大地降低了创作视频的难度，使没有专业技能的人也可以进行视频剪辑的创作，加入短视频的制作中来。个人在积累一定的粉丝量后，也可能会有广告主找来，与其合作商量进行广告投放的协议。由个人进行创意制作对该产品或品牌进行宣传推广，以此达到广告主的目的。由此可知抖音广告的创作门槛十分低。

3. 传播品牌

抖音的一大价值，就是可以传播品牌。在当下，每个人都可以在网络中发出自己的声音，正因如此，也为更多的品牌带来了机会。例如，OPPO、华为、伊利等越来越多的品牌入驻抖音。其中，康师傅品牌在抖音中的官方账号，每日给京东、淘宝等电商平台带来巨大的引流，累计销售量超过 8 万。又如 OPPO 品牌在抖音中的话题"这波操作稳了"阅读量 456.4 亿次，可见抖音对品牌的传播具有很高价值。

4. 带货能力强

抖音受欢迎是由于它强大的传播力和带货能力，而它能够带动用户购买商品跟用户使用平台枯燥无聊的心理状态有很大的关系。用户是放松的、随机的、无意识的，这种状态下，十分容易接收到广告主想要植入的信息。而对于一些想要通过抖音带货的品牌方而言，只需策划到位，投放的视频就很容易让人不自觉的看上一遍又一遍，这就是抖音的吸引力。而用户在刷抖音的过程中，会不知不觉接收着来自视频制作者的信息，哪怕是在卖货，只要够有趣，足够吸引人，用户也会心甘情愿购买所介绍的产品。

六、未来抖音的时尚传播

（一）未来时尚场景的根基

未来的时尚生态是一张纵横交错的链条网，而未来时尚生态的基础便是对中华民族传统文化的传承与发展。中国作为文明从未中断过的国家，从丝绸之路开始，通过与世界各国进行贸易促进商品出口和文化交流。2000 多年前，中国用自己的产品为世界铺平了一条"丝绸之路"，使中华文明被尊崇；1000 年前，这条"路"仍然宽阔而辉煌，为唐宋的繁荣做出了贡献。现如今，中国人又用智慧和勇气为"现代丝绸之路"铺平了道路，通过这种开放的形式，中国时尚生态正式走向了全球。像中国纺织工业联合会会长孙瑞哲所说，未来时尚的进化曲线，以往是替代的逻辑，现在则演变为补充的逻辑，融合文学、建筑、电影、绘画、雕塑艺术各领域，以及中华传统文化、非物质文化遗产和当代艺术，帮助我们开启一个富有的审美品位的精神贵族时代。

(二) 未来时尚场景传播的核心

未来时尚的场景是科技创新和文化创造的双重催化剂共同作用的结果,科技创新将成为未来时尚场景所必需的力量和支持。过去几十年的全球技术革命不同于二百多年前的工业革命,它是一个基于互联网逻辑之上的信息革命。可以说,技术手段彻底改变了人类的生活方式,使时尚产业在未来得以发展和繁荣。以信息技术、智能制造、新能源和新材料为代表的新技术创新浪潮的到来,为时尚产业未来的现代化提供了前所未有的历史机遇。数字化、智能化、网络化服务赋能模式,使制造业在整个产业链更加灵活、智慧、敏捷、高效,创新管理模式和物流供应链,加快未来时尚场景的营造。信息手段和技术的发展,科学技术领域的生产流通和消费。直播生态可以为时尚业增强生产能力,同时缩短了时尚消费的全球距离。扩大了行业未来的市场容量、时尚消费、技术革新时尚产业和基础设施未来的必要条件。生活方式的转变伴随着生产方式的智能融合和智能生态。未来时尚场景下传播的核心也是科技创新与文化创新共同作用。智能化、数字化等多元化的形式将不断地被人们所接受,也是未来时尚场景下传播的结果。

 ———————————————————————— **课后思考**

抖音作为我国第一款音乐类短视频 App,短时间内就收获了许多人的喜欢,15 秒虽然不长,但却可以随时记录生活中的每件小事,正如抖音的品牌口号"记录美好生活"一样,不管你在哪里,不管你是谁,不管你在做什么,只要你拍出来的视频创意有趣,你就有可能会成为抖音红人。同时,我们也可以看到,如今许多综艺节目里都有抖音红人的身影,由此可见,对于那些有才华想出道却没机会的人来说,抖音确实是一个不错的平台,在抖音里,你可以肆意发挥你的脑洞,施展自己的才华,和像你一样的人们沟通交流。抖音的年轻,潮流,时尚,有趣正在吸引着越来越多的人。不过,其中也有部分网民发布一些低俗化、炫富等视频以及各种类似、单一的视频让人反感。希望抖音能注重内容的创新,提高视频内容质量,加强监管体制,营造一个和谐、正能量的环境,不要让关注抖音的用户失望。

在现如今的时尚场景环境下,由于广告形式以及购物方式的转变,各类电商平台逐渐实现商品的透明化,明星效应逐步转变为网红效应,越来越多的普通民众参与到产品的试用、评测当中,而这样的测评也提高了潜在消费群体对品牌的信任度,人们更容易去相信、购买这类产品,这也是抖音平台受欢迎的重要原因。那么不仅是抖音,纵观整个行业,在购买者无法亲身体验商品的情况下,只能看广告,而广告如何传播就变得尤为重要。试想一下,如果有足够的技术化、智能化的支持,每一位消费者能够亲身切实的体会到使用此类产品的感受(例如,现在可直接通过自拍对比各个口红色号的不同从而挑选适合自己的色号，实现口红色号的挑选），或许在未来的时尚场景下，有类似 VR 的技术不仅能够给人类视觉感受，更能够在触觉、听觉、嗅觉甚至味觉上给消费者带来真实的体验感。这样的广告就更能促进经济的发展。这也是数字化、智能化、网络化共同发展的结果，未来时尚场景下的传播值得期待。

 ──────────────────────────── 课后习题

1. 请简述抖音创作中内容为王是如何体现的。
2. 请分析时尚场景下抖音时尚特征。

第十一章　时尚博主营销：新场景下博主的转型之路

移动互联网背景下，时尚博主内容以及营销策略现状，展望未来时尚博主的发展前景，为新媒体的分众传播之路提供借鉴的经验。在新媒体领域时尚意见领袖营销的案例中，归纳总结出时尚博主现阶段最新营销手段。

一、新媒体环境下的时尚博主

"时尚"是潮流先锋的代言词，但其实时尚本身并没有统一的标准定义。所谓时尚，是时与尚的结合体。时是时间，尚就是崇尚，高品位，时尚就可以粗略定义为在一定时间内站在领先位置的受到人们崇尚的东西。同时时尚还是一个多元符号的体系，如建筑、汽车、服饰、美容、造型、饮食、体育、影视、歌曲等，无数的载体符号将时尚元素穿插到其表面语言系统上，显现为流动的整体意识，即衣食住行都与时尚相关。时尚甚至还可以是一种思想、一种生活方式。

纵观可以成为时尚的东西，都具有以下四个特性：短暂性、阶层性、包容性、时代性。时尚的短暂性指的是针对一种时尚，它的停驻时间是短暂的，一段时间后会演变为流行和习惯，就不是最初意义上的时尚。时尚的阶层性是指有资金和能力的人追求高品位和领先的东西，每个阶层所追求的时尚是不同的，哪怕是相同的，也会存在一定的时间差。但是现在由于网络的普及，普通民众也拥有追求时尚的权力，再加上时尚博主的出现，时尚的阶级性逐渐被打破了。时尚的包容性则体现在时尚的跨界、跨国、跨文化上，这也正是时尚美的来源，因而受到崇尚。时尚的时代性指的是每个时代赋予时尚的意义是不一样的，随着人类社会的进步，思想意识的解放，时尚有了更加明确的意义——提高人类的幸福感。

（一）定义时尚博主的定义

时尚博主最早是指在博客上分享自己的服装穿搭、造型妆容、秀场经历等时尚内容的博客发布者。随着移动互联网和信息数字化技术的快速发展以及移动终端的普遍应用，新媒体环境下的时尚博主指的是在社交平台上分享有关时尚资讯的达人。在这样的时代背景下，一些有独特时尚见解的微博、微信用户最新崛起，率先进行 UGC 创作，成为新兴的时尚博主。与此同时博客的用户在减少，为了更好地满足用户的需求，最初的那一批时尚博主也需要进行调整运营渠道以适应新媒体时代。他们也纷纷转战移动社交平台，最终形成了以"三微一端"（微信、微博、微视频和移动终端）为主要载体的新媒体时尚营销时代。

著名的时尚博主有着和明星一样的影响力和号召力，微博平台上几个比较著名的时尚博主，有着上百万甚至上千万的粉丝，是时尚类产品的意见领袖，他们的穿衣风格、饮食习惯、消费观念甚至是生活方式等都会对其粉丝造成重要影响。

（二）时尚博主的分类

时尚博主主要分为三大类，第一类是业内人员，如造型师、化妆师、模特等，或多或少和时尚界相关；第二类是传媒行业或职业人士，如专业的记者、编辑等媒体从业人员；第三类是非业内和非专业的普通人，他们最初和大部分人一样只是时尚消费人群和时尚爱好者，但是他们有着敏感的时尚嗅觉，乐于分享，才进一步蜕变成时尚博主的，这一类的时尚博主占大多数。

按行业领域划分，时尚博主可以分为以下6类。

（1）服装穿搭博主。服装穿搭博主又称时装穿搭博主，号称最会穿衣服的人。顾名思义，这类的时尚博主是专门教人怎么进行服装穿搭，他们平时会在社交网络平台上分享自己的私服穿搭，看起来都很时尚精致，好像各种风格的服饰都能驾驭。和普通人相比，服装穿搭博主精通的是服装搭配里面涉及的美学、色彩搭配学等，再加上他们身处时尚圈，脚步始终紧跟着时尚风向和流行趋势。每年汇聚全世界的名流、明星和超模的四大时装周叫时装周，就是因为时装在时尚界来说有着极其重要的地位。走进大街小巷的商场、专卖店里，可以发现时装也都是主流消费。随着人们消费能力的提高，人们越来越注重服饰的美观，对时装的需求也越来越大，加上自媒体的蓬勃发展，服装穿搭博主应运而生。

（2）时尚美妆博主。美妆博主相较于其他行业领域的时尚博主，是一个最常见的也是最接地气的存在。他们有一部分是专业化妆师、造型师，有着娴熟的化妆技术，对于美妆有着自己的独特见解。还有很大部分是美妆爱好者，专业能力自然比不上前者，但是他们善于充分利用自己的独特个性和创意营销手段，即"技术不够营销来凑"，最终也能俘获一大批粉丝受众。美妆博主其实就是美妆行业的意见领袖，他们日常会教粉丝化妆，还会以脸试妆，亲自进行化妆品和护肤品的测评，做足功课后向粉丝推荐高性价比的化妆品和不建议购买"踩雷"产品，也就是俗称的"种草"和"拔草"。从某种意义上说，美妆博主不是自发产生的，而是在网红经济蓬勃发展的大环境下，美妆博主的经济利益需求和受众的心理需求等利益共同体的综合作用下产生的，美妆博主的专业美妆服务也为不少美妆"小白"打开了新世界的一扇大门。

（3）整形美容博主。在这个时代，人们更注重自己的外在形象，整形美容已经成为一种时尚。但是大部分普通人并不具备相关的整容医学常识，有整形的想法，却因为不够了解该领域，过于担心整形美容的风险而不敢去尝试。这个时候，消费者急需要获得相关的医学美容知识，有需求就有市场，整形美容博主就出现了。整形美容博主分为两类，一类是专业的整形机构安排专门的宣传人员或者是整形医生负责分享和发布有关医学美容的相关知识，传播的内容里面也会涉及机构的医美项目广告。另一类整形美容博主是通过把自己的整形经历分享在自己的社交媒体账号上，分享的内容包括整容的前期准备，手术过程以及后期恢复等，这样大方的举动能够吸引到很多粉丝受众前来关注。甚至有些博主还会进行整形美容直播，使受众仿佛也参与了整形美容的过程，这样的沉浸式传播也是一种吸引粉丝受众的操作。

（4）时尚美食博主。时尚包括衣食住行，再结合时尚的时代性，在21世纪，追求美食已经为人们所追求和向往的一种生活方式，美食同时还提升了人们的幸福感。时尚美食博主这样的角色就诞生了。时尚美食博主和其他时尚博主最不同的地方是时尚美食博主有很多类型，可以细分为美食探店博主、吃播博主、厨艺展示博主、特殊美食博主四大类。美食探店博主就是专门探索和分享美食的博主，带领粉丝们去发现一家家美食店铺，他们分享美食也分享快乐。吃播博主就是进行吃饭直播的美食博主，他们依靠吃相、吃特殊食物的受欢迎程度获得"打赏"，同时进行广告植入。厨艺展示博主就是专门在社交网络平台上教人做精致美食的博主，他们展现制作美食的过程，传达生活方式和生活正能量。特殊美食博主是在特殊环境下烹饪出美食并且以视频的形式进行传播的博主，他们大胆发挥想象力和创造力，使用特殊的方法去创造特色的美食。总体而言，时尚美食博主是对美食有着浓厚兴趣，追求生活品质，且有不断探索和创新精神的时尚博主。

（5）时尚家居博主。追求更好的衣食住行体验是这个时代的人的特点，现在的人们不仅要求有房可住，还要求住得美观舒适，享受生活的品质，获得生活的满足感。还有一个更现实的原因，那就是城市生活成本高，很多人都住不起大户型的房子，房子小但是又想住得小而美，使家居设计越来越受到大家的关注。时尚家居博主一般是室内设计和家居设计的专家，会向粉丝受众介绍一些各具特色的室内装修风格和家居布置样式，力求将时尚与户型结合在一起，给人一种相得益彰的效果。时尚家居博主除了会展示时尚美丽的家居设计方案供粉丝受众们参考学习，还会推荐平价好用的时尚家具，鼓励大家去布置一个的温暖小家。时尚家居博主的宗旨就是帮助人们提高在城市居住的幸福指数。

（6）时尚旅行博主。时尚旅行博主又称旅行体验博主，号称是真正会玩会旅行的人。旅行是一种复杂的社会现象，旅行涉及政治、经济、文化、历史、地理、法律等各个社会领域。旅行不同于旅游和郊游，旅游和郊游属于单纯的一项娱乐活动，任何去外地的游玩活动都算。旅行则不只是一项娱乐活动，更是一项深度体验活动，通常是出行较远距离的外出活动，世界旅游组织定义的旅行是指某人外出最少离家88.5公里。由此可见，旅行对于很多人来说并不是简单的事情。但是时尚旅游博主就不一样了，他们的工作就是到全世界各地旅行，体验多姿多彩的风土人情，满足你对旅行的理想体验。时尚旅行博主之所以会玩是因为他们具备超多技能，他们总能吃到当地特色的美食佳肴，总能找到人少好玩的景点，总能睡到称心如意的民宿，还能拍出无比精彩的美图，分享开心幸福的文字。

（三）时尚博主与受众的关系

1. 意见领袖的角色扮演

受众通过关注时尚博主的微博、微信等自媒体账号就可以获取美丽实用的穿搭、妆容等技巧。时尚博主和普通人不一样的地方在于他们有更多的渠道去获得时尚潮流资讯，拥有更敏感的时尚嗅觉，更能把握时尚的流行趋势。还有更重要的一点就是时尚博主更有购买经验，毕竟每一个时尚博主基本上都是从自身大量购买喜欢的东西起家的。时尚博主喜欢尝鲜，他们属于罗杰斯创新扩散理论里的早期采纳者，是最新进行时尚体验的人群，他们所具备的前沿的时尚观点和购买意见对于受众来说比较有说服力，所以受众自然而然会成为时尚博主的追随者。

2. "朋友式"的实时互动

时尚博主和粉丝受众之间有着朋友一般的"强联系"，时尚博主与粉丝受众往往是建立在一种信任关系的基础上进行相互的信息传播的，时尚博主把他们的消费经历分享出来，并发表感受。粉丝受众除了接收到博主传达的信息，还会发表自己评论，博主看到粉丝受众的评论可以了解粉丝的需求，进行下一步内容策划，粉丝的诉求和喜好也是博主撰稿的灵感和来源。

除了微博式的广场式互动外，有些时尚博主还会与粉丝建立社群，而这种社群的建立使得时尚博主和粉丝受众们的关系更趋于稳定和亲密。时尚博主们经常在社群里和粉丝互动，和粉丝们实时在线聊天，营造出平等、亲密、信任的团体氛围，甚至有一些时尚博主还会举行粉丝见面会，实现与粉丝面对面交流与分享。

二、时尚博主的营销内容

（一）分享日常穿搭

时尚博主分享自己的日常生活，基本都是漂亮的照片和制作精良的视频，照片和视频中的他们有着精致的妆容和别出心裁的搭配，充满魅力，让人眼前一亮，总能呈现出最佳状态。时尚博主看似只是向粉丝受众分享了自己的日常穿搭，但实际上传递着的是自身的时尚理念和消费观念，甚至是生活方式等内容。受众通过关注时尚自媒体可以获取实用的穿搭、妆容和购物等技巧，这是完善自我的求好过程。时尚自媒体作为意见领袖，掌握着更多渠道去获得时尚潮流，拥有更多经验去解读时尚趋势，而受众会追随意见领袖的前沿时尚观点或参考其购买意见，这是紧跟时尚的求新过程。无论是求好还是求新，本质上都是为了更好地展示自我以获得认同。

典型的博主有黎贝卡的异想世界（图11-1）。她会经常分享日常穿搭，推荐适合大多数人的搭配方案，比如配上肤色的适合度、不同身材类型的适合度等，就像是一位知心姐姐，亲切可靠。黎贝卡主创团队紧跟时尚趋势，关注独具风格的时尚明星和潮人，参加各大时装周、品牌活动和潮流派对等，动用一切时尚资源积极捕捉流行元素。黎贝卡的微信公众号文章看似是简单的图文搭配，文字叙述也是平常的口语，但其实每一篇原创文章都是经过精心筛选主题和整理各种信息材料才创作出来的。比如参加一次时装周，她可以敏锐地捕捉到能引发热点的时尚元素，并进行分类总结，还会给出搭配参考。最后还有文末总结"黎贝卡的话"，就像是在和受众亲切的互动，一篇满满的干货文可以获得 10 万以上的阅读量。

（二）发布体验式视频

时尚博主经常受邀参加国际五大时装周，甚至能坐在前排看秀。一个时尚博主要进行

图 11-1　黎贝卡的异想世界

一场秀场活动的宣传策划，除了会在微博上发表即时动态之外，还会进行秀场直播和制作 Vlog 视频日志（图 11-2）。博主会提前在微博上告知自己进行秀场直播的时间，进行直播活动的预热，等真正到了直播的时候除了自己的粉丝会进入直播间，还会吸引一些潜在的粉丝，直播活动能够在一定时间内引起庞大的关注热度。Vlog 是秀场活动后进行的，目的是趁秀场活动的关注度还在以及受众的兴奋点还没有褪去的时候及时填补新的内容。Vlog 是快节奏的剪辑，静止的定焦镜头配合放大特写的零碎镜头，画面匀速运动，慢速和加速的画面完美结合，清晰度、灯光、调色都是高质量的，堪比精良制作的小电影。

图 11-2　时装周秀场

时尚博主的秀场直播和 Vlog 视频日志都属于体验式传播，增加了粉丝受众对时装周和时尚圈的认知程度，引起了受众对体验式秀场活动的讨论，在态度层面呈现多元化。时尚博主受邀参加品牌活动本身是品牌商对他的肯定，时尚博主进行体验式视频传播活动除了是对自我的包装之外，还是对粉丝受众的经营。既满足了粉丝对其自己的期待，也增加了粉丝的黏性。最近两年在时尚圈出名的博主，就是时装周的常客，采访过许多当红明星。博主参加时装周，除了会拍下许多的美照，还会剪辑出一个 Vlog，视频包括时装周的布展、时装大秀、明星采访等，满足粉丝受众对时装周的猎奇心理。

（三）时尚新品测评

时尚博主是粉丝受众的意见领袖，是时尚潮流的先锋者，除了具备敏感的时尚嗅觉之外，经济收入较高和职业属性使他们一般都是最早能够接触到时尚新品的人，最先进行试用，再把自己使用后的感受进行分享。小白鞋、老爹鞋、透明行李箱、基佬紫、豹纹等时尚元素最先是在各大时装周上出现的，由明星和时尚博主最先进行体验，最后渐渐风靡时尚圈。然而并非是所有的时尚新品都能够流行起来的，因为这些时尚新品或多或少都有些不实用性，那作为普通人怎么样才知道哪些时尚的物品是适合自己，少花钱买到时尚潮物呢？可以去看看时尚博主对于这些时尚新品的看法。

（四）素人大改造计划

持续性的粉丝互动与即时性的粉丝互动不同，时尚博主与受众之间进行的沟通互动主要是通过微博评论和微信公众号后台留言和文章评论以及社群大讨论的方式，但是最能集中体现以时尚博主为中心，从而增加粉丝受众黏性的持续性粉丝互动的方式是"素人大改造"。素人大改造是粉丝向博主投稿，类似于传统报刊里的"粉丝来信"栏目。比如整形美容博主新氧推出的"真人改造"栏目，征集粉丝受众的来稿，稿件的主要内容是粉丝的正侧面素颜照，给出整形急迫指数和整形美容的建议。又如服装穿搭博主徐老师的"黄瓜改造工厂"，征集想要进行造型改造的粉丝投稿，主要是粉丝的日常生活照，根据粉丝的身材、长相、肤色等给出时尚妆容和时尚穿搭的建议。

不得不说，这样的"素人大改造"栏目是一个有效地增强粉丝受众忠诚度的营销策略。时尚博主推出这个改造栏目，首先会引起他的忠实积极粉丝和急需要改造的读者人群的极大兴趣，一旦入选不但能够得到博主的免费时尚改造意见，而且还能够实现他们自我展示的心理满足，从而更加愿意追随博主的时尚脚步，晋升为"铁杆粉丝"。其次对于没有入选的粉丝受众，也能够在改造栏目中对照被选中的粉丝找到自己某方面的不足，得到一些有用的时尚意见，产生时尚消费人群的认同感，从而进行关注与分享。

三、时尚博主营销策略

（一）标题创意营销

时尚博主的广告营销策略与一般新媒体广告营销策略相似，都注重创意营销，依靠创意来吸引受众的注意力。但是时尚博主的创意营销更体现在标题的创意营销上，颇具创意的标题能够吸引人眼球，会让人有想看的冲动。标题创意不单单指的是新颖、独一无二、个性，还要与所要推广的广告商品或服务的紧密联系。时尚博主的标题创意营销更注重的是如何引起读者受众的好奇心与兴趣，标题本身可能并不惊艳和个性，但是需要具备很强的吸引力，让人忍不住要点进去看。比如黎贝卡的一篇推广文章，标题是"推广‖穿裙子好看的人，都做了这件事！"这一篇文章她明确在标题里面说是"推广"，也就是表明该篇文章就是实打实的广告，实际上它就是一篇脱毛仪的广告文章，但依然有十万以上的阅读量。读者明知道是广告还要进行阅读的原因，是因为这篇文章的标题，它看似平平无奇，实则很有创意技巧，能够激发人的好奇心，让人控制不住自己要点进去看。

（二）多元化媒体组合

每一种媒介都有自身的传播特点和优势。因此，时尚博主在进行广告传播过程中，会利用各种媒介的特点和优势，使自己要推广的商品或服务能够在不同的媒介中发挥最大的传播效果。就目前的多元化媒体组合的营销策略来说，以媒介融合为主要形式或趋势，做得较好的是整形美容博主新氧。新氧的团队实现微博、微信、哔哩哔哩（bilibili）、抖音、移动终端 App 等各大媒介平台联合营销，根据不同的媒介平台采取不同的广告营销策略。新氧团队在微博上主要是进行有奖互动，给自己的移动终端 App 做广告推广。微信上主要是撰写微信公众号文章和运营微信小程序"新氧安心美"，公众号的文章涉及自身品牌推广、其他时尚博主的推广以及护肤产品和医美项目的促销广告。哔哩哔哩（bilibili）上发布的是娱乐明星八卦精剪小视频，没有什么实质性的广告，主要是进行品牌本身的推广。抖音上分享的是公司员工逗趣的日常，目的是传播自身的企业文化用以进行品牌营销。移动终端 App 则完全是一个汇集全国各地医疗美容院的平台，网幅广告上经常有各大医疗美容院的医美项目在做活动的广告信息。

（三）隐性化营销

时尚博主在为品牌商做推广的时候，通常采用的是隐性化广告营销策略，在原创的内容里穿插广告内容，使内容与广告完美融合，达到潜移默化的宣传效果，既完成了品牌商的商品或服务的宣传任务，又达到了良性的广告传播效果。比如美妆博主经常在微博上教爱美人士化妆，出各种各样的妆容视频或者进行化妆直播。在她的美妆视频里，能看到她一边讲解自己的化妆步骤，一边告诉大家她使用的化妆品是什么，可以达到什么样的效果。这是美妆时尚博主十分常见的广告营销策略，而这并不会引起粉丝受众的反感。因为就算博主不在视频里说她用了什么牌子的化妆品，粉丝也会主动询问，可以说，美妆视频和化妆品广告本就是融为一体的，化妆品的品牌信息在博主化妆的过程中得到了隐性传播，粉丝受众为了达到和博主一样的妆效会主动去搜索相关的商品信息并积极购买该商品。

（四）利益驱动营销策略

美国社会学家拉扎斯菲尔德提出的两级传播论，指关于由媒介到意见领袖再到受众的传播方式的传播理论。时尚博主在进行广告营销过程中，所起的作用相当于媒介，广告内容直接到达的粉丝受众是意见领袖，粉丝受众的好友及其他人则是更多的受众。也就是说要想广告内容能够到达更多的受众，时尚博主的粉丝必须要进行二次传播，而利益驱动的广告营销策略是最直接有效的手段。比如美妆博主兰普兰成为极地之悦的年度形象大使后，要为该品牌的天猫店铺增加关注量，于是发布了一条微博来举行一次关注转发评论的抽奖活动，奖品十分丰厚，对于绝大多数爱美人士十分有诱惑力。最先看到这条抽奖微博的是兰普兰的粉丝，他的粉丝关注极地之悦的天猫店铺后进行转发和分享，粉丝的好友看到后，也会受到利益的驱动进行关注转发评论，最后获得了爆发式增长的互动指数，完成了品牌商的推广任务，自己也收获了一大批新粉丝。

（五）热点追击营销策略

热点追击营销策略就是充分利用热点事件进行事件营销。从本质上说，时尚博主们利用热点事件进行事件营销，就是通过社会影响力较大的事件或者明星进行营销，将时尚信息、娱乐信息和广告信息融合在一起，以此来吸引粉丝受众对广告的兴趣，提升某品牌及其产品或服务的知名度，由此达到良好的营销目的和广告传播效果。在这一方面，做得最好的是整形美容博主新氧，她的粉丝受众大部分都是青年群体，特点是比较关注娱乐八卦，爱看电影电视剧，所以新氧的微信公众号文章大多是与最近的热门影视、明星绯闻等有关，这些内容看似没有营养却具有娱乐消遣的趣味性。这些娱乐八卦文章，文中都会有推广内容，而且能够完美地与文章融合在一起，不会引起读者反感，读者从中也获得了快乐的娱乐消遣。

四、新媒体背景下时尚博主个人品牌效应

时尚博主的营销活动不仅有广告营销，即为其他品牌商的产品或服务进行推广宣传，还有自我营销，即把自己当作一种产品进行品牌建设与营销。锐赞品牌创始人李洁明在《我即品牌》中说道："个人品牌是互联网发展的必然。"也就是说互联网是个人品牌形成的平台，而新媒体将成就越来越多的个人品牌。在新媒体这个大背景下，时尚博主分享的所有东西，都是在为自己的个人品牌打基础，只有把个人品牌打得越响亮，才会获得更多的资源与合作机会。时尚博主的个人品牌效应所带来的是他们身份的发展，主要有以下四种发展方向。

（一）成为品牌代言人

在移动互联网时代之前，能够给知名品牌做代言的一直都是流量明星和国际超模，但是随着时尚博主在社交网络上拥有越来越大的影响力，许多知名品牌的营销战略也发生了变化，开始邀请时尚博主为其品牌做代言，时尚博主成了品牌的新宠。品牌商们一开始的做法是把想要力推的产品寄给博主，请他们试用，并让他们在社交网络账号上露出品牌商标，进行宣传。只要推广得当，粉丝受众们自然会买账。后来品牌商们的做法变成直接开始任用时尚博主当他们的代言人，比如欧莱雅就给瑞士的时尚博主 Kristina Bazan 支付了堪比明星的巨额代言费。如今为知名品牌做形象代言，成了很多时尚博主的追求。通过形象代言，时尚博主不仅可以获得丰厚的资金回报，而且可以获得更大的曝光度和知名度，名利双收。

（二）进军电商行业

进军电商行业，是时尚博主一种常见的粉丝变现方式，即时尚博主通过自身的影响力将粉丝受众引流到电商平台，运营网店进行商品销售获得直接的回报。很多时尚博主都会开网店，他们靠自己的庞大粉丝群体和出色的营销手段，成功进军电商。如时尚博主韩火火，他本身是服装设计师，加上他长期处于时尚圈并参加各大时装周，拥有较高知名度，而且他还有很多明星好友，也会穿他的服装免费做广告，所以他卖的服装经常刚上新就被

抢购一空了。

不是每一个时尚博主进军电商行业都会获得成功的。把粉丝引流到电商平台上，并真正购买商品或者服务，是一件很具有挑战性的事情。主要有这几个环节要形成串联才能实现网店的良好运作，首先要对粉丝有着充分的认识；其次是选择质量过关的商品，信任是粉丝购买与持续购买的基础；再次是要解决商品的供应链问题，避免供不应求或者供大于求的现象；最后要有适当的广告力度。

（三）创建个人时尚品牌

当时尚博主利用自己的知名度和影响力创建个人时尚品牌时，说明他们把自己当作产品进行品牌营销与建设获得了成功，是个人品牌效应最大化的体现。目前，社会化媒体下的个人品牌传播主要以微博、微信等社交媒体为主要阵地，具体流程是首先通过发帖（文字、图片、视频等）的方式引起网民的关注，继而通过内容转载、评论等功能引发网友激烈讨论，其次在网络社会的讨论中吸引主流传播媒介参与传播，最后在网络社会形成激烈讨论的氛围，并在主流传播媒介的参与中实现个人品牌传播。著名韩国美妆博主 Pony 朴惠敏，于 2015 年开始与专业的研发团队合作，结合她多年的美妆经验和专业知识，推出了个人同名彩妆品牌 PONY EFFECT。由于 PONY 在时尚美妆界的良好口碑，再加上她个人在各大社交媒体平台上的庞大粉丝群体，她本人还擅于与主流媒体打交道，所以该同名品牌一经推出就受到很多美妆爱好者的欢迎。

（四）成为娱乐明星

时尚博主拥有如明星般的影响力，是时界的意见领袖，时尚博主也可以成为明星。如今的影视媒体已经实现网络化，网剧和网络综艺具有很强的娱乐性和互动性，深受年轻人的喜爱。而网络影视媒体相对于传统电视媒体来说，门槛较低，一些知名度较高的时尚博主和网红，哪怕没有表演基础也能够出演网络剧和网络综艺节目，喜欢他们的粉丝受众也会买账，从而大幅提高网络票房和点击率，由此进入娱乐圈。如时尚博主艾克里里，已经成了一名演员，拥有代表作《封神之天启》，成功进入了娱乐圈，至今活跃在各种网络剧和网络综艺节目，除此之外，2016 年年初，艾克里里还发表了自己的单曲，在娱乐圈拥有了更多的机遇。

 课后思考

微博、微信、今日头条以及短视频等自媒体平台的出现，颠覆了传统的传播格局，公众的受用权逐渐增大，人人都拥有一个"话筒"，都表达自己的观点的机会，时尚界不再是普通人高不可攀的殿堂。时尚博主不只是粉丝受众们的时尚意见领袖，更是他们的朋友，带领着普通人了解时尚、走进时尚，过上更具幸福感的生活。时尚博主是新媒体时代背景下时尚经济与消费者的时尚消费需求的共同产物，他们的广告营销策略以及个人品牌营销为新媒体的分众传播之路提供了可供借鉴的经验。

　　与此同时，成为时尚博主的门槛越来越低，这个行业已经不受限于性别、年龄、专业、地域等因素，不断有新的时尚博主想要分时尚经济的蛋糕。然而自媒体平台的本身就缺乏权威性和公信力，时尚博主的质量参差不齐，再加上法律的约束力不足，时尚博主也面临诚信危机，存在粉丝数量、互动指数等数据造假。而且时尚博主这个群体还存在一个致命的隐患——生命周期太短，很多时尚博主一夜成名之后，缺乏了流量和炒作策划，就会被受众遗忘。

　　如何延长时尚博主的生命周期，是一个较为紧迫的问题。可以从三个方面来着手，第一，时尚博主应该产出具有文化符号价值的产品内容，而不只是"向钱看"地去推广相关产品，发布的广告内容最好是既包含推广的产品信息，又要对粉丝受众具有实实在在利益，这样才能降低粉丝在接受产品推广信息时产生的抵触心理。纵使时尚博主进行广告营销的最终目的是经济利益，但是也要保持粉丝的持续关注与认同，这样才能保证利益的长远性。第二，积极与粉丝进行良性互动。时尚博主与其粉丝受众之间要进行情感互动才可以维持情感，增加或者保持情绪资本的价值。很多时尚博主并不是自己发几篇图文或者视频就能够火起来的，而是依靠孵化公司出名的。然而在孵化的前期，会经常运用利益驱动的营销策略，使自己的粉丝数量短期内实现快速增长。等到孵化成功后，如果博主没有加入情感化的营销手段，或者是没有实际的内容输出，只是单纯的推广产品，这样势必会被粉丝淘汰。积极与粉丝互动，使用适当的情感营销手段和利益驱动营销策略，提升粉丝参与的愉悦度，加强粉丝忠诚度，将粉丝的力量转化为时尚博主的核心竞争力。第三，关注粉丝的售后体验。时尚博主在接到品牌商的邀请后，一定要先进行试用后再向粉丝受众分享。没有调查就没有发言权，不能一味吹捧品牌商，不然最后粉丝会将不好的用户体验反馈到社交平台，时尚博主最后只能自食其果。进军电商的时尚博主尤其要关注售后和粉丝的综合体验感受，要有较为规范的退换货流程，避免引起不愉快的纠纷对博主的声誉产生消极影响，失去粉丝的信任。

课后习题

　　分析时尚博主的传播内容及广告内容，观察他们与粉丝受众的互动方式并分析其粉丝受众的个性偏好等，选取黎贝卡的异想世界、仇仇-qiuqiu、Kristina Bazan、新氧、艾克里里、Pony 等具有代表性的案例作为研究对象，研究他们的主要营销内容和策略。

第十二章 国潮场景：现代时尚中的东方设计

一、东方设计起源

1. 东方设计的概念

近年来，"东方设计"经常被提及，学术界对它的概念、意义有多种说法。周武忠教授在《论东方设计》中说道："东方设计应从两个方面，即东方设计的地域特点与文化传承内涵来理解。从地域上说，东方设计应包含中华设计、日本设计、印度设计、阿拉伯设计（习惯上也包含埃及）等，它们都是独立于西方、不同于西方的东方设计体系，在人类数千年文明史、发展史当中，东方设计都发挥了巨大作用。从文化上说，东方的设计应该是具有东方民族、文艺或风俗特点的设计。"而东方元素在地域上可以分为中国、韩国、日本和东南亚地区等。

"东方设计"作为现代东方文化的重要构成成分，在各个领域不断地实践和应用中其概念和意义逐渐的明晰。现在公认的概念是，东方设计是指围绕东方特定问题或需求，通过造图、造物、造境等活动，将构思、设想、计划传达出来的实践技术和过程，其设计的动机、行为和结果体现出东方地缘的特定需求、特殊技术和特色智慧。在东方设计中，从设计元素到经典纹饰、造型、手法等的运用，传承了东方文化的优秀传统。

2. 东方设计的历史

东方设计基于数千年东方文明，秉承着匠作美、境界美和自然美相统一，人生修养和社会功能相结合的设计理念，这一理念继承了东方文化中的"诗性"，正如《庄子·齐物论》中所倡导的"天地与我并生，而万物与我为一"的物我相合的观点。东方设计强调最大限度地发挥事物的本性，以物与人的自由舒展，物与人的相互服务为设计的最高准则。东方设计，尤其是"中国风"设计，在西方形成两次有影响力的潮流。第一次是17~18世纪的巴洛克、洛可可风格的家具和陶瓷设计，分别受到中国传统漆绘家具、雕饰屏风和青花瓷的影响；第二次是21世纪20~30年代的陶瓷、珠宝和室内设计，大量存在中国风格的印记。

之所以提出东方设计，是为了丰富东方设计的理念，将东方哲学和理念融合到现代设计理念当中，设计师们可以从东方文化资源和东方哲学中学习，将东方设计作为世界性的设计理念。

二、东方设计与广告

广告是使用一种媒介形式针对广告主特定需求，向受众公开宣传信息的手段。而现代广告是广告主根据现在人们生活的新概念、新思想而提倡的某种有意义的新现代时尚潮流的广告。现代广告是广告类别中极其特别的一种，极易引起购买欲望的产生、有强烈的视觉外观。这种广告更适合当今的消费者，更能准确把握消费者的心理，使产品或企业得到有效宣传。

在东方设计的哲学理念方面，可以归纳为四类设计思想：禅意文化设计哲学、慢设计理念、适度设计理念、以人为本设计哲学，而其中的禅意文化设计和慢设计理念在现代广告中应用较多。

1. 禅文化和广告

"禅"起源于印度，中文译为静、思、修，讲求崇尚自然、回归纯真、不拘于形。禅意文化设计哲学主张设计师在设计商品时使用纯色调、朴素的材料、简约的造型，满足消费者的情感诉求，强调的是商品设计的生活化、日常化。他们的设计美学虽然单一，但简单和谐。这样的设计理念体现了禅宗文化里的"空相"，"空相"一词出自《心经》，是万物为空的意思，即世间万物没有真实的存在状态。当时的日本很快接受了"万物皆空"的理念，所以他们的很多设计中结合了禅道文化，崇尚自然的理念，化繁为简，一直演变至今。这种设计风格在现代很多商品的广告设计中常可窥其一二。

MUJI 无印良品的设计理念来源于日本的和式风格（图 12-1、图 12-2）。简约这个词在日本有一个专属词，叫侘寂（わびさび，wabisabi），这个词语是百年前日本密宗对禅意文化思索的产物，是日本人宗教信仰的物质体现。MUJI 首先在产品的包装设计中将极简主义奉行到底，他们认为还原事物本来的样子是"去设计"，在其广告设计中极力淡化品牌意识，但是又一直展现着无印良品的品牌形象。无印良品这一品牌提倡朴素、简约和舒适，而且直接关系到人生的本质，用东方文化展示禅意之美。这是一种生活的哲学，将其产品的从实用功能升华至文化层面，形成了独特的商品文化，使品牌形象深入人心。

图 12-1 无印良品宣传图地平线设计

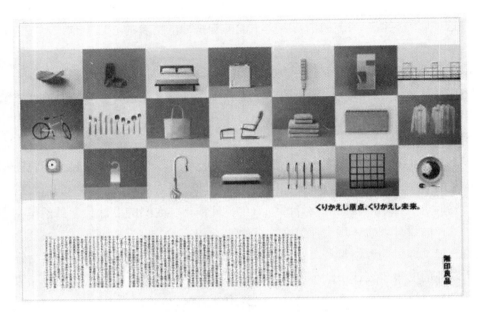

图 12-2　无印良品广告"回归原点思考未来"

例如，香水品牌 ZEN 的包装设计融入自然界的元素，例如，竹子、石头等，贯彻禅意文化崇尚自然的品牌理念，在设计当中遵循自然的方式融入灵性智慧和生命之美（图 12-3）。让每瓶香水都定位清晰，独具特色，简约唯美，灵动无拘，吸引了一大批消费者。

图 12-3　ZEN 包装设计

2. 慢设计理念文化和广告

在高速发展的今天，效率成为工业文明最重要的追求之一，生活中人们追求高效率，制定高标准，无论是主动还是被动，人们都已进入或被进入了一个快节奏时代。快节奏高效率的生活，给人们的健康也带来了不良影响，人们在不同程度上开始出现焦虑、不安、急躁。

人们在各种社会压力下，心理疾病也随之而来。在《中国青年报》社会调查中心与新浪网新闻中心联合进行的一项调查显示，有84%的人认为自己生活在"加急时代"，抑郁症患者人数增长，过快的生活节奏，导致人们的生活压力越来越大，很多人无法找到正确排解压力的渠道。而慢设计理念，就是从生活美学、生活品质的角度构思设计，讲究的是对环境的慢生活体验，表达的是东方哲学的中和之道、无为之美。随着人们文化程度和生活质量的提高，人们对产品的要求不仅囿于其使用价值，还有商品的文化价值，注重产品给消费者带来精神层面的满足感，关注消费者在消费过程中的情感诉求和所追求的人文关怀。

慢下来成为越来越多人的追求，慢设计的意义是利用广告设计让人们放缓生活和工作的节奏，让人们在忙碌中暂且得到片刻清闲。"慢设计"传达了一种崭新的理念，充满多元文化，充满爱意和关怀，它体现的是一种纯粹的人文精神，需要设计师在广告设计中体现商品的人文价值。现在广告制作中也更多地运用了其中的理念，通过把商品的功能模糊化，赋予商品新的文化内涵，满足消费者在消费过程中的道德、情感、审美等精神文化层面的追求。慢设计在众多民宿的广告中都有体现。如 Airbnb 的海报广告词"旅行中像当地人一样生活"，缓慢 Adagio 的广告词："山的轮廓，让思绪驻足在最美的那一刻，百年时光淬炼而成的美学精粹，无为而沉静"等。

慢的理念除这些在海报中的文字体现外，慢综艺也在娱乐综艺市场上广受欢迎。慢综艺抓住都市人想要逃离快节奏生活的心理，为人们提供了一个寻求慰藉与满足想象的机会，节目内容容易让受众随着节目的步调一起进入慢生活，产生代入感，体会亲近感。这类节目的观众年龄覆盖度较广，基本可以覆盖全部年龄段的观众，但受众主要还是集中在年轻人。爱奇艺自制的综艺《小姐姐的花店》一开播就充满话题性，在爱奇艺平台的热度保持在较高水平。在节目开始前，几位主理人认为开花店最重要的是"人情味"，在整个节目中给受众传递出"花时间，去生活"的生活理念。

基于慢生活的主基调，作为总冠名商，铂爵旅拍全程跟拍，用铂爵旅拍的照片定格节目中的每一个美好时刻，展现出品牌"想去哪拍就去哪拍"的核心理念，让受众认识到旅拍记录的美好和重要。品牌的广告植入更加贴近节目内容，努力寻求节目文化与品牌调性的契合，不只以销售商品为目的，而是向消费者倡导一种新的生活方式，从而加强消费者对品牌的认同度、好感度和忠诚度。

典型的慢综艺《向往的生活》已经开播了几季，热度依然不减。它倡导"返璞归真"，在喧嚣的城市中寻求一片净土，"借山而居、临水而行、茶香袅袅，三两知己伴与身侧，放眼于乡间的山水间，独享这原始乡村气息，回归最美的田园生活。"广告文案中处处体现慢设计理念。例如，"万众瞩目，不如一人份的人间烟火""文火慢炖，生活自然有了味道""最窄的小路上，天地最宽"。

一种生活方式，体现出一种生活态度、一种生活的哲学，也正是这种理念，契合了当下消费者的心理。

三、东方设计引领国潮风

在西方设计界流传着这样一个观点：没有中国元素，就没有贵气。审视全球广告设计的版图，可以发现能使"东方设计"凸显出来的是来自文化层面的内容。作为拥有五千悠久历史的文明古国，中国的传统文化博大精深，是东方文化的重要组成部分。在几千年的历史长河中，我国优秀的传统文化能够经过各种时间洗礼和潮流观念的变化，依旧被世界所认可，凭借的就是高雅、含蓄的意境，使东方美学一直携带着中国基因。进入 21 世纪以来，随着中华民族文化自信的提升，现代广告设计师用传承了中国文化的创新精神，将国风发展为一种国际潮流。在这种趋势中，很多品牌借助国风广告完成了逆袭之旅，让品牌重新焕发活力。

1. 国潮的兴起

国潮字面的意思就是中国的潮流，是以中国现代文化和传统文化为基础的传统和现代的碰撞，将东方美学的意境展现得淋漓尽致。国家大力倡导弘扬优秀中华传统文化，发扬工匠精神，借此机会国货品牌衍生出新国货，又在新国货的基础上掀起国潮。

2017 年国务院确定将每年 5 月 10 日作为"中国品牌日"，为了扶持本土老字号品牌，2018 年 5 月电商平台天猫推出"国潮来了"营销计划，2018 年也被称为"国潮元年"。2020 年 1 月 13 日，中国广告协会在"品牌营销趋势研讨会"上提出国潮、出海、新消费成为 2020 品牌营销新的关键词。

截至 2021 年，根据相关统计，今日头条关于国潮文章的阅读量就超过 510 亿以上，短视频平台，国潮的播放量也很惊人，例如，抖音上关于"我挺国潮"的话题达到 10.5 亿播放次数，"国潮无敌"的话题更是多达 24.9 亿播放次数（图 12-4）。

图 12-4 抖音中有关"国潮"的话题

新时代下，消费者强烈的民族文化认同和文化自信，以及国家对传承和弘扬中国传统文化的大力支持，国潮得以应运而生。国潮在一定程度上代表了中国创造，它也使人们对中国文化的认同感不断加深。

2. 海报中东方设计的国潮风

随着中国电影行业的快速发展，电影面向大众的广告宣传也变得越来越重要，作为电影产业中的一个环节——广告海报设计，逐渐独立出来。现在，在电影海报广告设计方面有代表性的有四家：新艺联、竹也、追踪者和远山。

电影《黄金时代》系列广告海报表现了中国文化中独有的美感，是设计师黄海海报设计的巅峰之作（图 12-5）。他成功地将影片中所表达的概念与气质转换成独特的视觉语言艺术，给人以强烈的视觉冲击，同时使受众深刻地体会出东方独有的设计美感。

虽然海报采用的还是以往设计风格的美感和气氛，但是为了概论广阔的时代背景，仅使用了黑色、白色、蓝色三种纯粹的颜色（图 12-6）。在民国背景下，这部作品仿佛带受众回到了当时那个混乱的时代，冲击着观众的视觉。

其他五款宣传海报，都使用青色、白色、黑色三种纯粹的颜色作为主背景的色调，空旷的大时代背景就被勾画出来了（图 12-7～图 12-10）。除中国香港版本海报外，该系列海报均由黄海操刀。这五款海报结合地域特色，将东方设计中特有的中国文化底蕴体现得淋漓尽致。

图 12-5　《黄金时代》海报

图 12-6　《黄金时代》中国香港版海报

图 12-7 《黄金时代》中国台湾版海报

图 12-8 《黄金时代》韩国版海报

图 12-9 《黄金时代》美国版海报

图 12-10 《黄金时代》日本版海报

近年来，由于新媒体行业迅速发展，广告设计专业团队数量增加，以黄海为领军人物的设计师队伍带领中国电影的海报设计走向原创性和多样性。2019 年的国产动画片《哪吒之魔童降世》上映八天就打破了中国影史动画电影的票房纪录，其精美的宣传海报也获得了观众的关注（图 12-11）。哪吒这一角色的海报使用三维技术渲染而成，海报设计均采用中国传统的水墨重彩风格，使用祥云、牡丹、龙等众多的中国传统元素，与极具东方美的影片画风遥相呼应，展现了极具中国风的东方唯美气质（图 12-12）。

图 12-11　《哪吒之魔童降世》海报

图 12-12　哪吒人物海报

设计师对于东方视觉元素和哲学的应用，为每一部电影量身定做的广告海报设计，既表达了电影自身的气质，同时也使东方文化被世界所接受，使东方设计成为主流。

四、东方设计国潮风的创新探索

中国传统文化作为东方文化重要的组成部分，现代广告设计中的使用自然必不可少，近年来，现代广告设计中越来越多地继承和弘扬了我国的优秀传统文化。

1. 国际品牌的国潮风

中国传统元素的使用在设计中越来越多，自 2008 年奥运会以来，中国风席卷全球，大量的国际品牌在产品设计和广告宣传中使用中国传统元素，以东方设计为中心的独立设计师品牌和国潮的兴起，主流一线品牌对中国风进行大胆尝试，使中国风格在设计领域得到了很高的评价。在各大时装周上出现大量使用中国元素设计的礼服，雍容华贵，别具特色。

中东仙女裙品牌 Elie Saab 从 20 世纪 90 年代开始，其时装设计已经进入欧洲，2000年开始在巴黎时装周上做高级定制。2019 年秋冬高级定制系列的设计中都汲取了来自中国文化和其他东方文化中的灵感，将东方元素大量应用在服装设计中（图12-13）。

　　龙纹、凤纹和祥云纹刺绣等中国元素频繁地出现在高级定制产品中（图12-14、图12-15）。通过时装周这个平台，设计师向世界展现了东方设计的神韵，让世界了解东方的设计美。

图 12-13　Elie Saab 品牌的秋冬高级定制系列

图 12-14　运用东方元素的设计　　　　图 12-15　仙鹤装

　　还有很多品牌也正在用东方设计开拓中国市场。如巴黎的香氛品牌 Diptyque，最让人熟知的是香氛蜡烛。Diptyque 在上海开店时，香氛蜡烛的城市系列也同时添加了 "shanghai" 款。除了在味道上选择的是绿茶和桂花的气息组合外，在蜡烛杯的设计上也选择了中国红并融合了极具东方神韵的叶片元素（图12-16）。

图12-16 蜡烛杯

CPB的品牌创意总监从纽约大都会博物馆的"中国：镜花水月"展览中获得了新唇膏系列的灵感，特别用中国元素设计，打造出产品的中国时尚风格（图12-17）。

图12-17 CPB新唇膏系列

2. 中国品牌的国潮风

（1）中国影视综艺的国潮风。近年来，电视综艺类节目创新开辟了许多"国潮"方向，用更通俗易懂、大众易于接受的语言和形式介绍中国的传统文化。如《身体的榜样》《潮流合伙人》等综艺节目。2020年9月，北京卫视将综艺节目的核心内容转移到"国

103

潮"方向上，推出了《了不起的长城》《上新了·故宫》《遇见天坛》等节目，并衍生出独具特色的本土文创品牌。在综艺节目播放大热后，还与小米等国产品牌合作推出了一系列的联名商品，广受消费者的喜爱。

（2）中国国货的国潮风。民族品牌要在民族自信、文化自信、消费升级的浪潮中深挖消费群体对中国文化的认同感，立足本土，深度洞察消费者需求。例如，花西子根据自己的品牌调性，使用传统乐器演奏的广告歌曲《花西子》，展现东方独有的魅力。这首广告歌曲不仅符合当下流行的广告，还是品牌的象征，能塑造品牌形象。为了改善受众对品牌的认识，促进商品的销售，要赋予品牌文化内涵，将品牌的价值定位在品牌文化的基础上。

国货品牌百雀羚，在近年来的广告中，将国潮风阐释得淋漓尽致。如三生花古典风系列产品，因为独特的东方韵味，深受消费者的喜爱。百雀羚和制乐洋行联名，在复古风格中融入中国传统元素；在故宫推出文创品牌时，百雀羚携手宫廷文化设计出一系列宫廷系列成品；在《延禧攻略》电视剧播出时，将宫廷文化和东方设计相结合，用剧中的代表人物重塑为Q版，推出了长图"羚妃传"，让消费者萌发亲近感并喜爱产品。广告中还将广告背景与历史知识相融合，向受众科普古代服饰、首饰、装饰品等知识；推出一首广告歌，将流行说唱与传统文化结合，体现了中国传统文化的包容性。

3. 中国时装的国潮风

中国时装品牌——盖娅传说自2013年品牌创立以来，始终坚持传承和弘扬中国优秀的传统文化，将原创精神转化为独特的服饰美学文化，大胆地将传统元素融入前卫的艺术创作中。盖娅传说以服装为载体，用色彩表达向受众讲述我国的千年文明。设计师坚持把华服的极致呈现与国粹文化的色彩元素、内容材料、创意设计相融合。盖娅传说的发布会以"征途"为主题，通过部落图腾，描绘了自然原始、纯粹的风格。品牌一如既往地将东方审美氛围与西方的时尚完美结合，通过服装所承载的文化内涵，表达和平、自然、稳定的愿景（图12-18~图12-20）。

图12-18 夜色·花影

图 12-19　陌上·花魂　　　　　　　图 12-20　彼岸·花魂

李宁品牌的广告设计也是这方面的优秀代表。2018 年李宁品牌在纽约时装周以"悟道"为主题，对其精神文化内涵"自省、自悟、自创"予以阐释，通过运动的视角阐述了对现代潮流时尚和中国优秀传统文化的理解。2020 年 8 月，李宁品牌进行大胆创新，将秀场搬到敦煌雅丹魔鬼城，联合天猫和敦煌博物馆打造了"李宁三十而立·丝路探行"主题派对（图 12-21、图 12-22）。

图 12-21　"李宁三十而立·丝路探行"宣传广告

敦煌是世界"四大文明"的结晶，是中华文化走向世界的起点，这是文化碰撞与融合的起点。在李宁品牌 30 周年之际，演绎丝绸之路的创意也是为了弘扬中国文化，展示中国设计走向世界的决心和信心。李宁品牌与敦煌博物馆合作，也体现了体育潮流与中华文化的紧密联系，更容易从文化的角度与年轻人拉近距离。

中国设计不仅是对中华文化的传承，更是用新的艺术手法和理念诠释符合现代时尚潮流的中国美学，引领年轻人热爱中华传统文化。运用中华传统文化元素设计的现代广告，

图 12-22　"李宁三十而立·丝路探行"发布会现场

在提高人们的艺术审美的同时，也促进了中国时尚产业的发展，提高了中国设计的国际地位，推动中华文化走向世界，展现中华民族的风采。

课后思考

　　随着新媒体的迅速发展，广告的途径和形式越来越多，虽然各种广告大量播出，但是消费者真正能够关注的只有一小部分，有些广告的质量令人堪忧。广告是传播文化、引导时尚潮流的载体，具有更广泛观众的现代广告，更是促进了东方文化传播的良好途径。而东方设计作为东方文化最重要的组成部分，在广告设计中将东方文化与各种设计思想、创意融为一体，是广告作品取得成功的关键。在全球化时代，采用东方文化设计的现代广告，是对联合国发出的《世界文化多样性宣言》做出的响应，充分体现了东方文化，尤其是具有五千年历史的中华文化所蕴含的思想理念。正是新时代下消费者强烈的民族文化自信，以及国家对传承和弘扬传统文化的大力支持，国潮得以应运而生。国潮一定程度上代表了中国创造，它也使人们对中国文化的认同感不断加深。现代广告的设计，应将优秀的传统文化与现代技术融合创新，在继承和弘扬优秀传统文化的同时，维护广告行业稳定、健康、有序地发展。同时，运用东方元素设计的广告需要有更时尚、更有创意的表现形式，才能与年轻的消费者形成共鸣。